海龟研究首部中文译著

顾问　赵尔宓

海龟解剖

The Anatomy of sea Turtles

夏中荣　古河祥　译

原著　Jeanette Wyneken, Ph.D

李丕鹏　程一骏　Jeanette Wyneken　审校

暨南大学出版社
JINAN UNIVERSITY PRESS

中国·广州

图书在版编目（CIP）数据

海龟解剖 /［美］维纳肯著；夏中荣，古河祥译. —广州：暨南大学出版社，2016. 1
ISBN 978-7-5668-1657-3

Ⅰ. ①海… Ⅱ. ①维… ②夏… ③古… Ⅲ. ①海龟—动物解剖学 Ⅳ. ①Q959.6

中国版本图书馆CIP数据核字（2015）第254631号

出版发行：暨南大学出版社

地　址：中国广州暨南大学
电　话：总编室（8620）85221601
　　　　营销部（8620）85225284　85228291　85228292（邮购）
传　真：（8620）85221583（办公室）　85223774（营销部）
邮　编：510630
网　址：http://www.jnupress.com　http://press.jnu.edu.cn

排　版：广州市科普电脑印务部
印　刷：广东省农垦总局印刷厂

开　本：787mm × 1092mm　1/16
印　张：10
字　数：238千
版　次：2016年1月第1版
印　次：2016年1月第1次

定　价：80.00元

序

海龟是最大的爬行动物之一，早在恐龙时代就生活在这个星球上了，因此，海龟又有“活化石”之称，在动物考古学方面具有重要的科研价值。海龟是海洋生物中的旗舰物种，对维持珊瑚礁、海草床等生态系统的稳定性具有非常重要的作用。海龟也是一类非常特化的脊椎动物，其背腹扁平，四肢特化为鳍状肢，游泳姿态悠然自得，十分惹人喜爱。

然而，由于过去几十年的滥捕乱捞(吃其肉、食其卵、用其甲)、至今仍存在的误捕致伤致死现象、海洋环境污染、觅食海域及产卵沙滩环境退化或丧失、全球气候变暖导致的性比例失衡等原因，海龟数量到了濒危甚至极危的地步。因此，研究海龟、保护海龟已成为当务之急！

在中国，从事海龟研究工作的学者寥寥无几，相关知识在科普方面多、科研方面少，而解剖知识是其他绝大多数研究工作的基础。综观本书，其内容不仅包括了海龟的皮肤、骨骼、肌肉、血液、消化、呼吸、腺体、神经、感觉及泄殖共十大系统的解剖知识，还介绍了海龟种的鉴别、标准测量方法和海龟解剖方法。此书是我国海龟研究方面的第一本专业性译著，相信对于海龟科研工作的开展和保护事业都将起到非常大的促进作用。

夏中荣是我的一位博士生，他是一位勤勤恳恳、踏踏实实的学生，短短几年，已发表了约20篇科学论文。他以海龟湾的沙滩为实验室，将全家安置在海龟保护区，立志将毕生精力奉献给海龟保护事业，海龟幸甚！我亦欣慰。

中国科学院成都生物所研究员 赵尔宓 院士

2015年5月12日

中文版《海龟解剖》序

生物的结构反映出其生存环境、生长发育、饮食、养分传输以及疾病等情况。解剖学是一门重要的生物学科，是用来鉴别物种及其器官、探究结构与功能的有用工具。同种动物，不管在哪儿，其解剖结构都大同小异。但不同的语言却经常影响知识的交流，阻碍科研合作。感谢《海龟解剖》译者的辛勤努力，是他们排除了语言障碍，使每一位中文读者都可以学习、了解这些特殊、珍贵的海龟的详细解剖结构。全球现共有7个海龟物种，这本书就详细描述了6种海龟的解剖结构，且图文并茂。作为资料和工具书，它很适合相关科研学者、师生和环境保护、物种管理人士使用。因为这本书原为西半球读者所写，就没包括第7种海龟——平背海龟（*Natator depressus*）。这种海龟多分布在澳大利亚的海洋，身上有薄层蜡状盾片和皮肤，厚嘴，体色随个体发育而变化。我希望《海龟解剖》的中文版能成为一份重要的文献资源，帮助促进对海龟的研究和保护。

珍妮特·维纳肯博士

美国佛罗里达大西洋大学

2015年5月

PREFACE TO THE CHINESE TRANSLATION OF *THE ANATOMY OF SEA TURTLES*

The anatomy of any organism is what interacts with the environment, grows, processes food, transports nutrients, and can experience disease. Anatomy as a biological discipline is a tool that provides for the identifications of species and their parts, the constructs of structural relationships, and our understanding of functions. Most importantly, the anatomy of any animal is universal. However, the language used to describe or explain it can be a barrier to advancing understanding and achieving common scientific and medical goals. The translators of *The Anatomy of Sea Turtles* have made accessible all the identifications, details and contexts provided by this book. Because of their hard work and attention to detail, language is not a barrier to the understanding of the structure of these unique animals. The hard work of the translators of sea turtle anatomy make the information in this book accessible wherever Chinese is written. The goal of this book is to serve as a resource or a tool that describes sea turtles by species, provides diagrams and photos of normal anatomy, and serves as a reference for normal anatomy when for scientists, students, veterinarians, and species managers. The book focuses on 6 of the 7 sea turtle species. Because the book was written for a Western Hemisphere audience, the Flatback turtle, *Natator depressus*, is not included. It is likely that much of the material in this book is be relevant to that species, as well, with the exceptions of the details of its identifying characteristics. (The flatback turtle has thin and waxy scutes and skin, thick rhamphotheca, and it undergoes ontogenetic color changes.) It is my intention that this translated book remains as an essential resource to enhance our understanding of sea turtles wherever they occur.

Jeanette Wyneken, Ph. D

Boca Raton, Florida USA

May 2015

前　言

在龟鳖研究及海龟救护工作中，常常需要进行尸体解剖（例如处理常见的海龟搁浅事故），以便于取材或找到死亡的原因。然而国内相关的参考书籍甚少，仅见有台湾海洋大学程一骏教授等编写的《台湾近海海龟伤亡混获通报死因研判国际讨论会报告书》（2006，基隆）。在美国等许多国家，海龟保育工作获得广泛的重视和认同，不仅有专门成立的海龟保护机构，还有大量工作在第一线的海龟专家、学者，甚至伤病及死亡的海龟都有专人负责，兽医们利用专家编写的《偏僻地区使用的海龟解剖手册》，以最简单的工具初步判断出海龟的死因，这对海龟的疾病防治和科学管理工作皆有非常重要的作用。

在本书的翻译、出版过程中，得到了许多专家、学者的指导、帮助及支持。首先是征得原著作者美国Jeanette Wyneken博士的欣然同意授权，并热心为本书作序和校订勘误；感谢美国佛罗里达大西洋大学的张兴海教授的无私帮助；暨南大学生命科学学院李贵生教授投入了大量的时间和精力对书稿中的错漏之处一一指正，其严谨求实的治学作风令人敬佩；感谢周婷、赵蕙女士的大力支持；感谢黄山学院吕顺清教授、宜宾学院郭鹏教授、台湾中兴大学吴深海博士、四川大学杨军博士、安徽师范大学张方博士、香港城市大学伍家恩博士、海南师范大学汪继超博士和洪美玲博士所提出的宝贵意见。最后，还要真诚地感谢中国科学院成都生物所赵尔宓院士为本书写序并在精神上所给予的热情鼓励！

由于水平所限，不妥或错误之处在所难免，望各界专家、学者及同行不吝赐教！

译　者

2015年5月

目　录

一、基本术语及海龟种的鉴别特征 Basic Terminology and Characters for Species Identification

1. 基本术语

专门描述海龟结构空间关系的术语如下（图1-1、图1-2）：
背面（**dorsal**）：指向壳顶（甲壳）；
腹面（**ventral**）：指向腹甲；
前面（**anterior**）：指向头部；
后面（**posterior**）：指向尾部；
内侧（中线，**medial**）：指向中轴线；
外侧（**lateral**）：离开中轴线向两边；
近端（**proximal**）：靠近躯体或一个结构的起点；
远端（**distal**）：远离躯体或主要结构；
深处（**deep to**）：一个结构的下面。

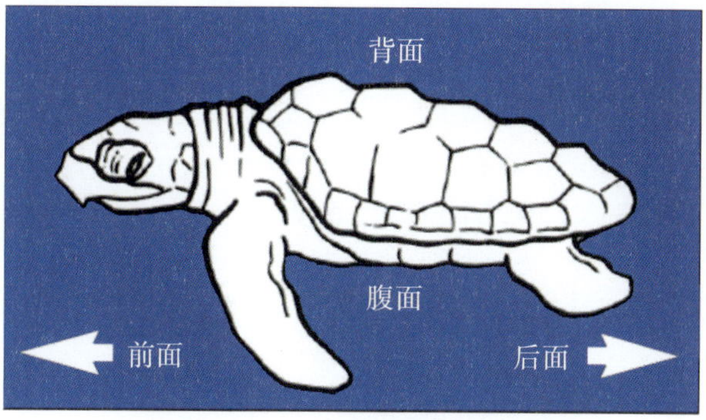

图1-1 解剖术语

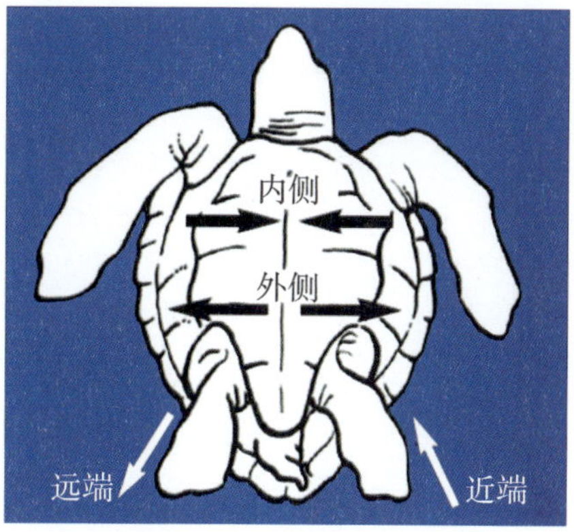

图1-2 相对解剖位置

2. 海龟种的鉴别特征

依据外部特征鉴别海龟，是基于头鳞数目、颌的形状、四肢上爪的数目、壳上的骨板或盾片的数目及排列方式。背甲的盾片（壳顶）从前向后计数（图1–3）。用作关键特征的主要盾片（图1–4）是缘盾、侧盾（肋盾）、椎盾、颈盾，还有下缘盾或甲桥。

图1–3　背甲盾片的计数方式

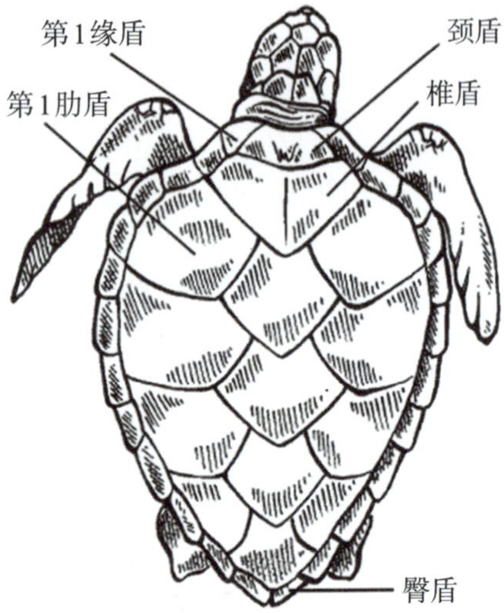

图1–4　背甲的盾片

底部的壳叫腹甲。它也有明显的盾片模式，但它更常作为内部结构的界标而不是种的鉴定特征（图1–5）。从前向后，喉间盾最接近颈部，然后（依次）是喉盾、肱盾、胸盾、腹盾、股盾和肛盾。一些个体具有单独的肛间盾（发现于肛盾之间或其后方）。

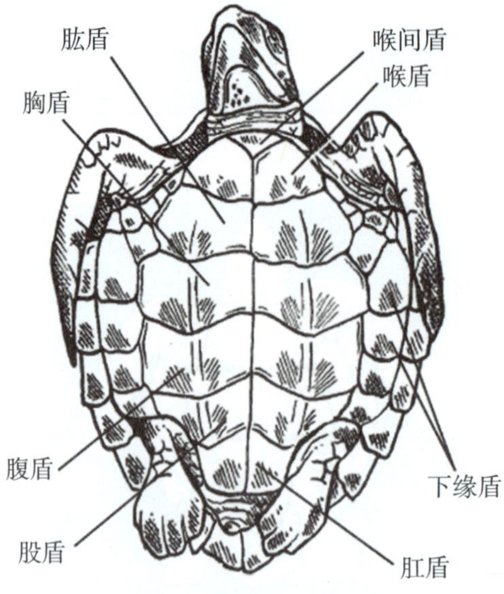

图1–5　腹甲的盾片和甲桥

背甲及腹甲的盾片。侧盾通常也叫肋盾或胸膜盾，每侧最后的缘盾学名叫臀盾（图1-4）。腹甲与背甲之间的盾片是下缘盾（图1-5）。虽然下缘盾的数目会有些变动，但最常见的总数会作为一个种的关键特征。海龟科（硬壳海龟）以头鳞、背甲、下缘盾的模式和数目，以及鳍状肢的爪数为特征（图1-6、图1-7）。多数种海龟有2个爪，第1爪通常大于第2爪，且在雄性成年时会强有力地弯曲。前后肢上的爪数目是相同的。

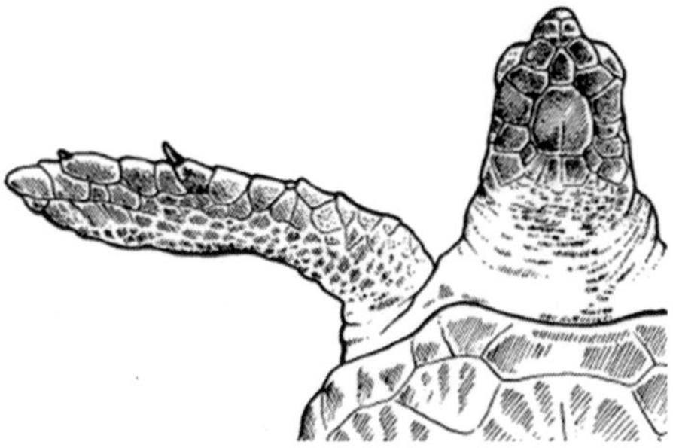

图1-6　爪的位置及数目

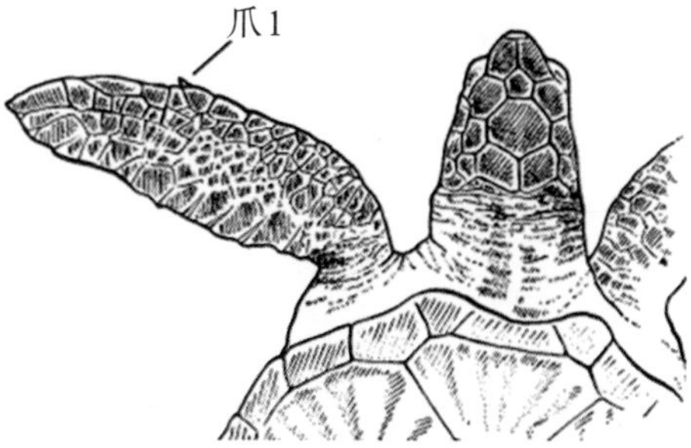

图1-7　单一爪出现在第一指（第二指无爪）

棱皮龟成年后缺少有特色的头鳞，颌上有少量的角质素覆盖。硬壳海龟的头顶及头侧有角质化的鳞片，其用于种的鉴定（图1-8）。前额的鳞片成对，一个或多个额外鳞片可能出现在内侧或分离成对。其他头鳞（眶上鳞、眶后鳞、额鳞、额顶鳞、顶鳞、顶间鳞、颞鳞、鼓膜鳞）在形状上可有轻微的变化，但相互之间的位置不变。有时候，头鳞的变化能够用来识别不同的海龟个体。若干内部骨的特征和颌（嘴鞘）的特点也可用来鉴别物种。这些在后面描述（“从颅骨来鉴定海龟种类”，P16-27；“嘴鞘的结构”，P28-30；“骨骼解剖”，P46-59）。

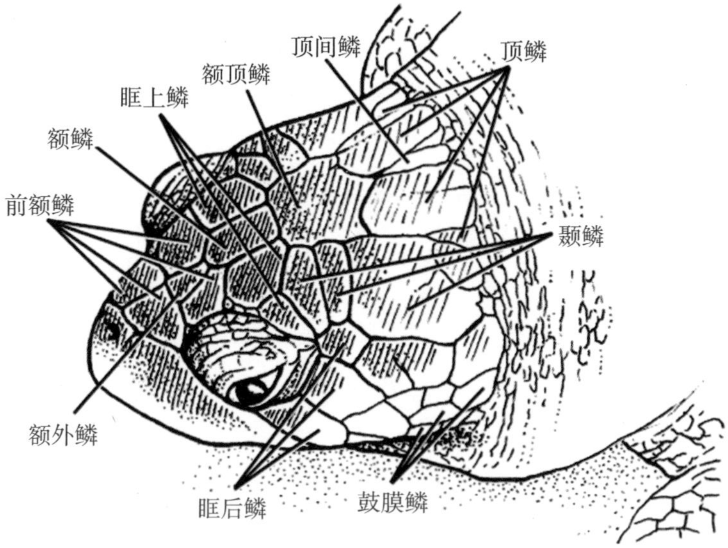

图1-8　海龟科头鳞

用于鉴定种的主要鳞片是前额鳞。在前额鳞之间经常有额外的鳞片（多个额外鳞），它们缺少固定的式样，且较小。其他有注释的鳞片可作为界标。

以下是种的关键特征，总结了用于鉴别物种的外部特征（图1-9）。

鉴别物种的外部关键特征如下：

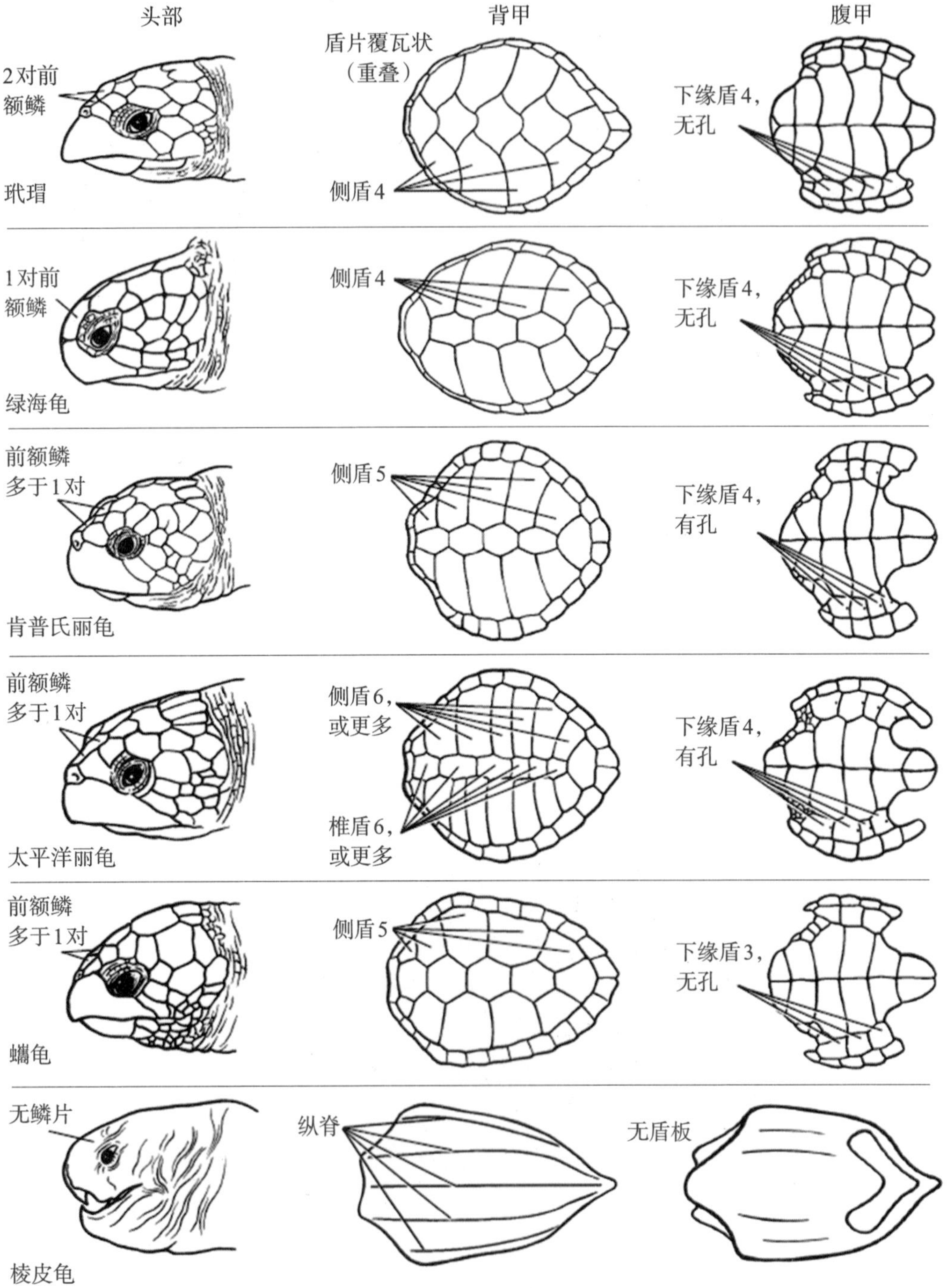

图1-9　各种海龟的外部鉴别特征

二、种的鉴别 Species Identification

海龟的皮肤可分为硬壳（海龟科）和革皮（棱皮龟科）两类。

棱皮龟科只有一属一种，即棱皮龟*Dermochelys coriacea*（图2-1、图2-2）。它的背部是黑色，上面有许多白色斑点。背上有五条纵脊，边缘有两条纵脊，腹部很少有纵脊。上颚两侧各有一个凹口，四肢无爪。

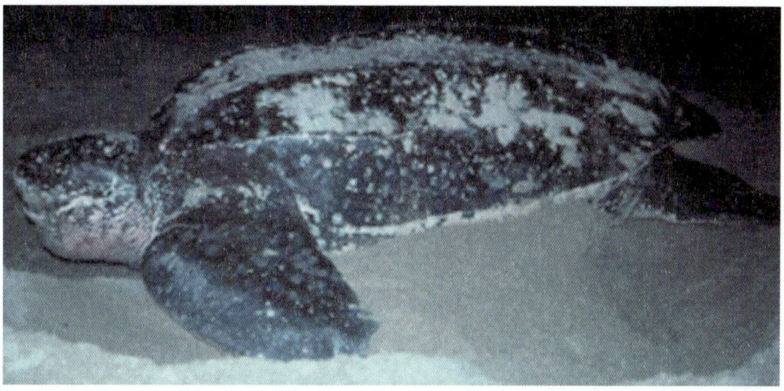

图2-1 棱皮龟成体

图2-2 棱皮龟稚龟

图2-3 绿海龟成体

图2-4　绿海龟幼体

图2-5　绿海龟稚龟

口鼻部顶端鳞片即前额鳞以及背甲鳞片的不同可以把海龟科一一区别开来。

绿海龟*Chelonia mydas*（图2-3～图2-5）有前额鳞1对（图2-4），背甲平坦，有4对侧盾（即肋盾），背甲的颜色随着年龄的变化而变化。稚龟的背甲是黑色，幼龟的背甲是褐色或棕褐色，成龟的背甲是黄绿色或灰绿色，有时会有一些黄色或褐色的斑点。稚龟的腹甲是白色的，然后变成乳黄色，有时会暂变为粉红色或灰色。除了在某些太平洋水域发现的绿海龟（称为黑龟）的腹甲较黑外，成年海龟具有乳黄色的腹甲。绿海龟的鳍肢上有一个爪。腹甲每侧有4个下缘盾和2个拉斯克毛孔，在腋盾和胯盾上各一（“腺体”，P105-112）。

其他种的海龟有两对前额鳞（图1-8），且年幼时壳上有龙骨脊。蠵龟（即红海龟，图2-6～图2-9）有一个巨大的头部和棕色的背甲，侧盾5枚或有时4枚。颈盾（颈部背方边缘）与第一侧盾相接。稚红海龟的背甲呈棕红色，带有深浅不一的灰色（图2-6）。稚龟的腹甲从乳黄色到棕色，腹甲从幼龟的乳黄色到成龟时变为棕褐色。幼龟的背甲（图2-8）生长出黄色和棕褐色斑纹。有时幼龟体边缘的盾片之间稍有重叠，成年龟的盾片则没有重叠。背甲主要为棕色，偶尔有些个体留有棕褐色甚至黑色（图2-9）。红海龟的甲壳上常有大的体表寄生物群落，每一鳍肢上有两个爪。

图2-6　蠵龟稚龟

图2-7　蠵龟的腹甲（下缘盾3枚或可变）

图2-8　未成熟蠵龟

未成熟的蠵龟的椎盾和臀盾常有明显的脊。随着身体和年龄的增大，脊将消退，因此，发现于沿海水域的蠵龟很少有脊的。

图2-9 蠵龟成体

具有坚固耐用的喙状嘴（喙状结构），用于碾碎食物。

图2-10 玳瑁稚龟（左）和蠵龟稚龟（右）

注意：蠵龟的颈盾与第一侧盾相接，而玳瑁的不相接。

玳瑁稚龟的背甲和腹甲呈深红褐色（图2-10）。在生长过程中，其头部拉长、背甲的整个盾片发育成独特的黄、黑、棕褐色的放射状图案（图2-11）。这种颜色持续到成年期。玳瑁的颈盾不与第一侧盾相接，这点可将玳瑁与蠵龟区别开来。玳瑁的头长大约是头宽的两倍，且有一个狭长的喙状嘴或嘴鞘（图2-12）。玳瑁的鳍肢上有两个爪。

图2-11　未成熟玳瑁

狭窄的头部和重叠成瓦状的盾片清晰可见。

图2-12　玳瑁成体

最后两种出现在美国水域的海龟是丽龟属（图2-13～图2-16）的。这两种丽龟通常为灰色。肯普氏丽龟出现在东部海域，而太平洋丽龟则出现在太平洋及大西洋南部海域（偶尔“流浪”到北大西洋的热带海域）。这两种海龟的稚龟都呈灰棕色。

在丽龟的生长过程中，背甲近似圆形，缘盾变宽（图2-13），下缘盾4枚（有的3枚）。两种丽龟的每一下缘盾都有一特有的孔（图2-14）。太平洋丽龟的每个肢上有两个爪。

肯普氏丽龟呈深灰至灰绿色，侧盾5枚（通常4～6枚）。太平洋丽龟呈深灰色，正常典型的一边有6枚以上的侧盾和6枚以上排成一列的椎盾（图2-15），以及许多枚眶上鳞。

图2-13　肯普氏丽龟成体

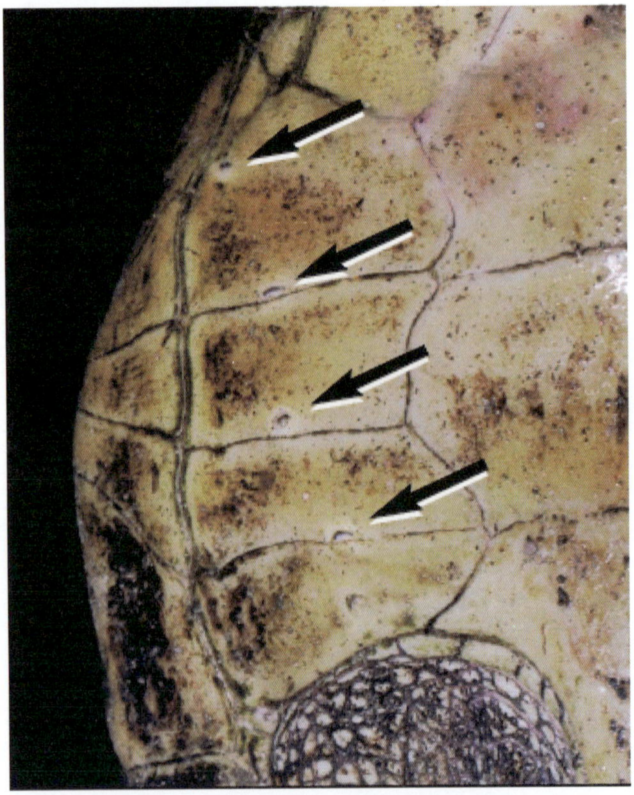

图2-14　丽龟属的下缘盾及拉斯克孔

图2-15 丽龟属稚龟

肯普氏丽龟(右)有5个侧盾和椎盾，太平洋丽龟(左)有6个或更多侧盾和椎盾。

图2-16 太平洋丽龟成体

三、头骨解剖 Skull Anatomy

头盖骨组成内部的脑壳，即脑颅；里面容纳脑组织，其外上部骨骼构造还有咽颅。前面的咽颅沿着嘴的上部形成颌，咽颅也容纳感觉器官并提供颌肌、咽喉肌和颈肌的附着点。沿着中间线就能找到脑壳，内部被脑壳覆盖。鼻、颚骨属于咽颅。所有海龟的咽颅外面的骨头（图3-1）都是相同的，尽管它们具有特殊的结构和一些不同的关节。脑壳的形状和上颚骨的图案（图3-2、图3-3）是用来鉴定种的特征。侧面的骨骼（图3-4）是内部结构定位的重要标志，颌骨（图3-5）和脑颅也是由数块骨骼组成的。

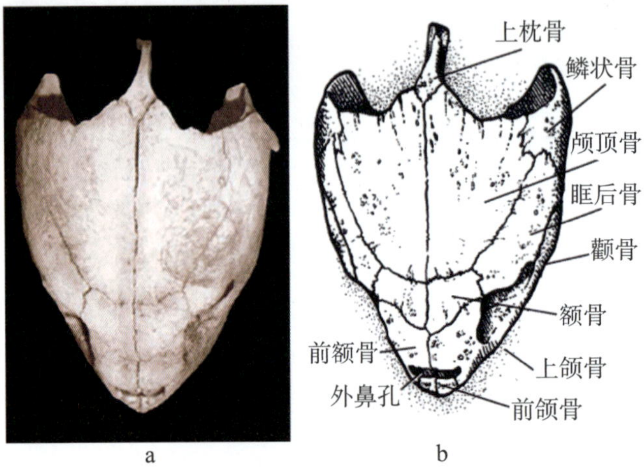

图3-1 海龟咽颅外面的骨头

图中提供了脑颅顶部和侧面的骨头鉴定，除了上枕骨，其余都是咽颅的骨头。

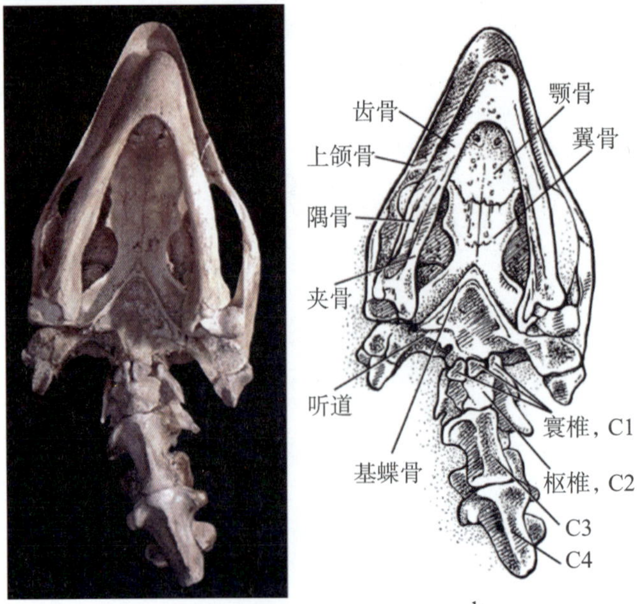

图3-2 海龟上颚骨的腹面

图片显示颅骨的腹面(咽喉部的舌骨被移除)与下颌和前端的颈椎骨通过关节相连接。上颌和下颌均由多块骨头构成。后脑壳是脑颅的一部分，通过关节与颈椎骨相连接。颈椎骨由几部分组成：一个椎体(或位于腹面的中心椎体)和背弓元件。C1—C4：颈椎骨。

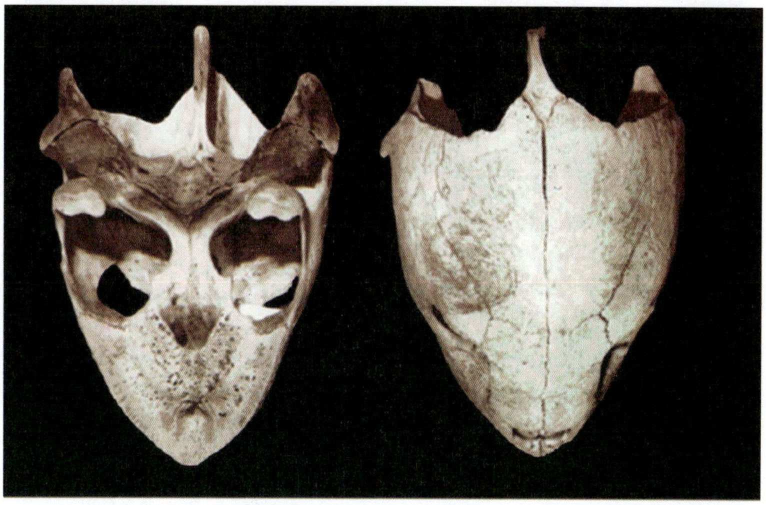

a

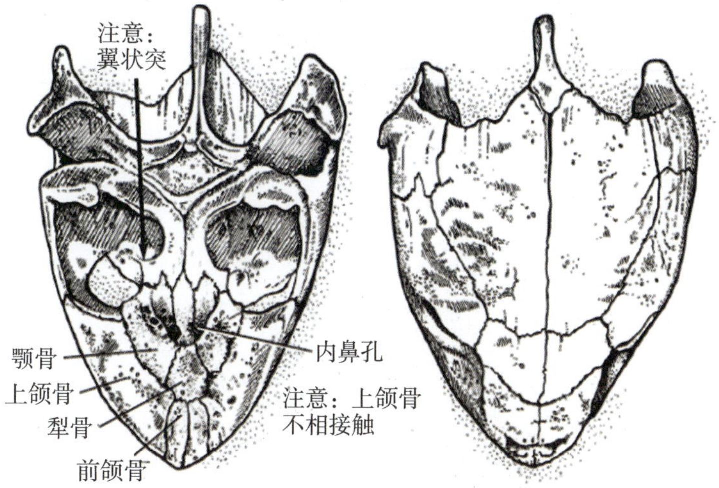

b

图3-3　海龟的头盖骨

关节的特性和骨的形状是每一物种的鉴别特征。组成上颚的骨头经常作为关键特征。例如，丽龟的头盖骨中，犁骨阻止了上颌骨的接触。在大体相似的蠵龟的头盖骨中，犁骨不与前颌骨相连，因此颚骨通过关节相连。翼状突的形状和位置也是关键特征。

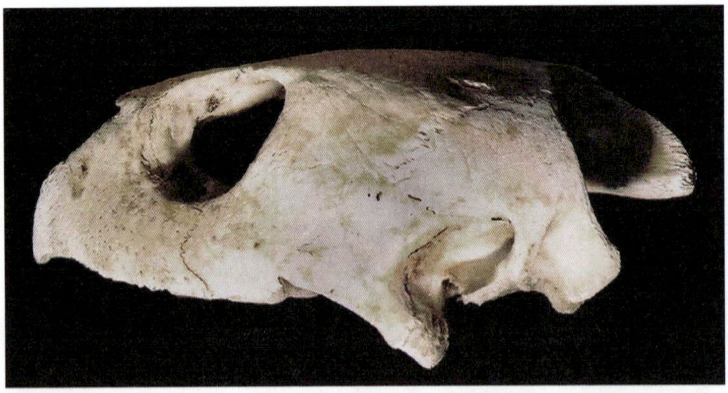

a

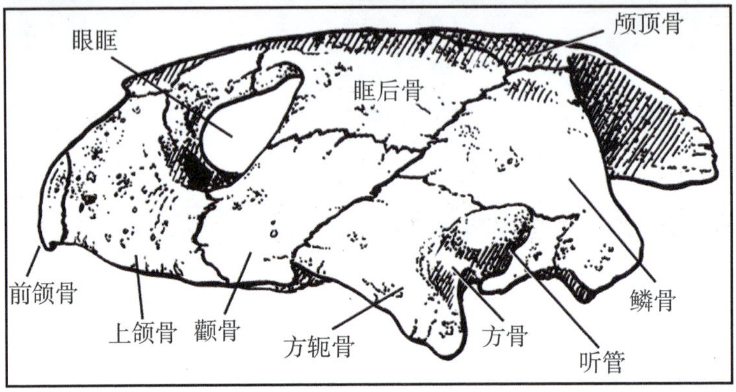

b

图3–4　海龟头盖骨的侧面

在海龟科的不同种类中，头骨的侧面也有变化，眼球位于眼眶内，耳道位于方轭骨后部的凹槽中。

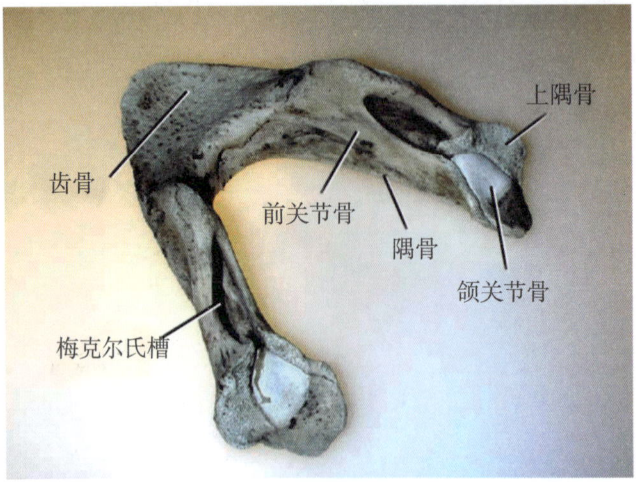

图3–5　海龟下颌骨

组成下颌的骨骼有：齿骨、隅骨、上隅骨、前关节骨、夹板骨（未显示）和颌关节骨。软骨部分为梅克尔氏软骨，在活体时发现于梅克尔氏槽中。

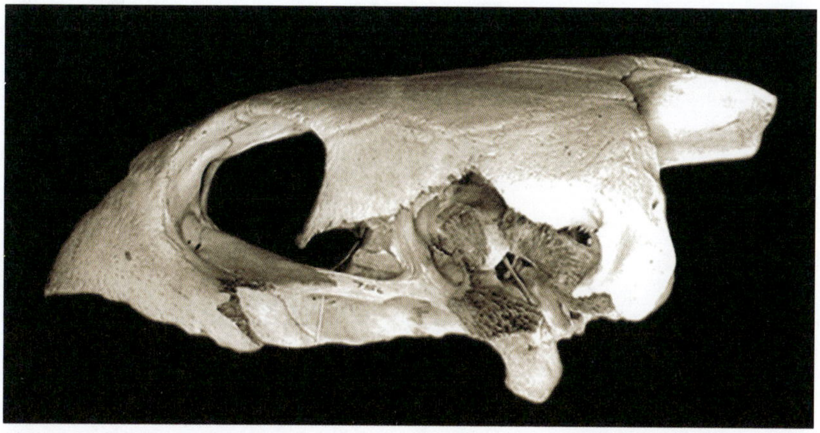

a

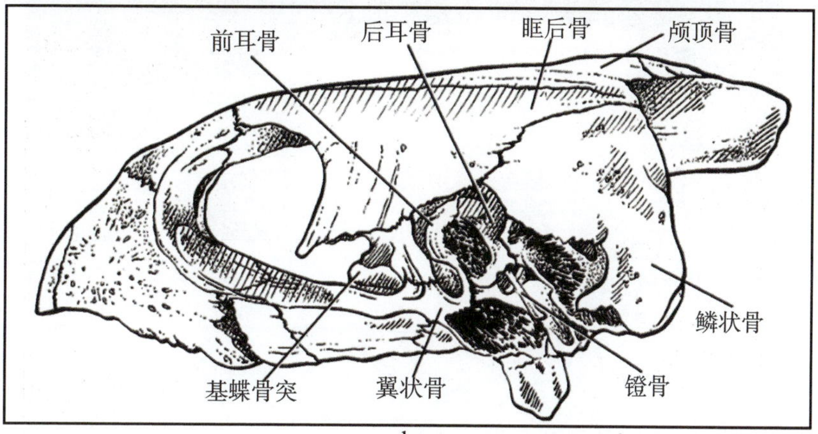

b

图3–6　玳瑁头骨的侧面

通过移除颧骨、方轭骨和方形骨，玳瑁的脑颅部分暴露。脑壳小并形成里面的颅顶。前面的（吻突和翼状骨）及侧面的（前耳骨和后耳骨）骨头形成了脑壳壁。

四、从颅骨来鉴定海龟种类 Species Identification from Skulls

下面的描述仅基于骨的特征，而不包括鳞片或角质喙的形成（“嘴鞘的结构”，P28−30）等其他特征。

绿海龟（图4−1～图4−3）脑壳呈圆形，有一个短吻和侧壁的浅浅刻痕（图4−1）。上颚呈平滑的“U”形轮廓，上颚边缘和内鼻孔之间的上颚有一对平行于外缘的脊（图4−2）；下颚有一平行于其内表面的脊（图4−3）和中线尖端。

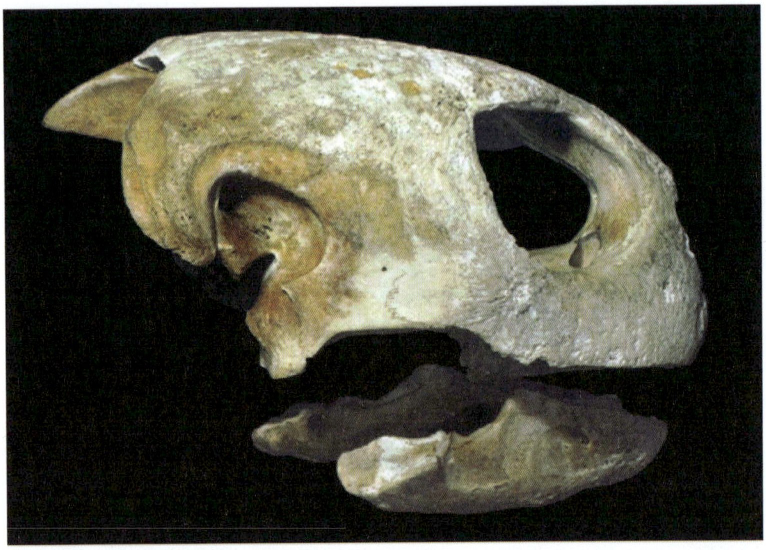

a

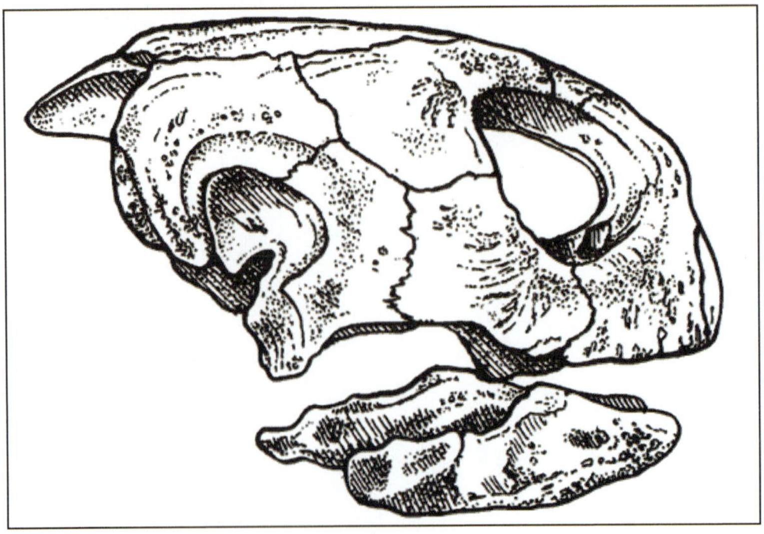

b

图4−1　绿海龟头骨的侧面观

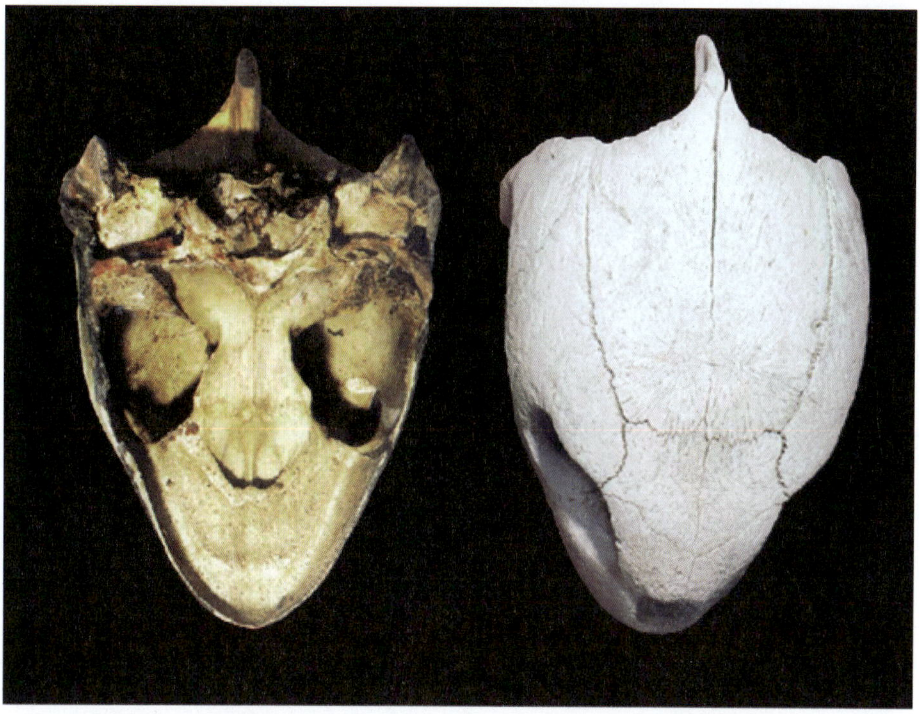

a

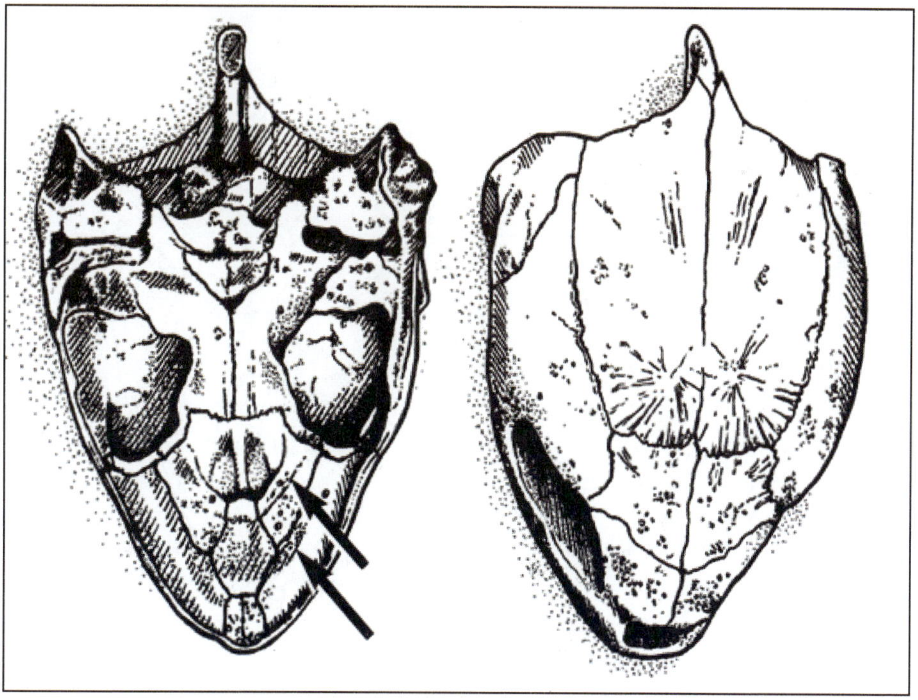

b

图4-2　绿海龟颅骨的背面和腹面观（注意箭头指向上颚的脊突）

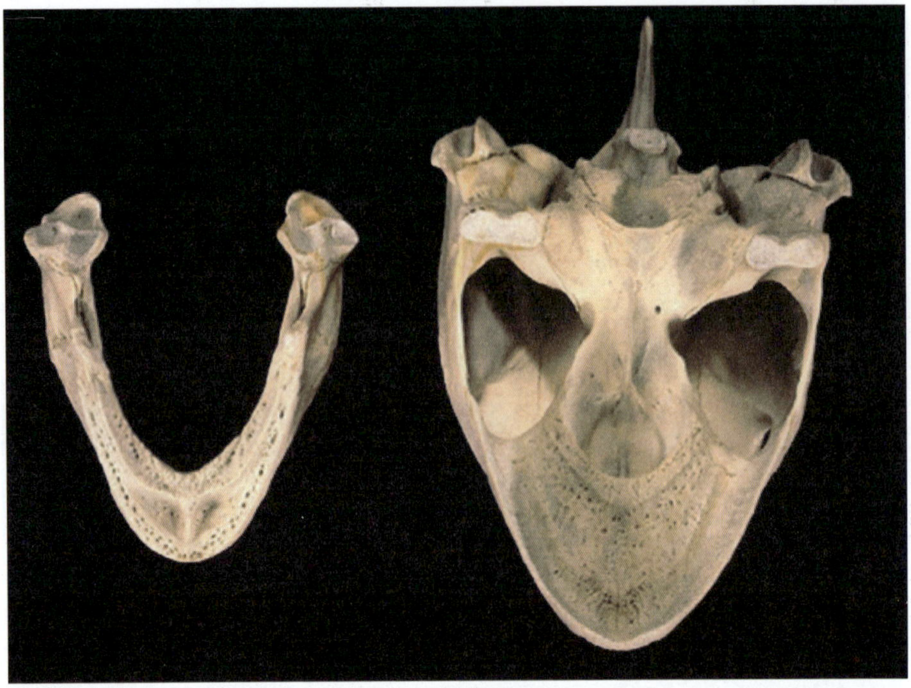

a

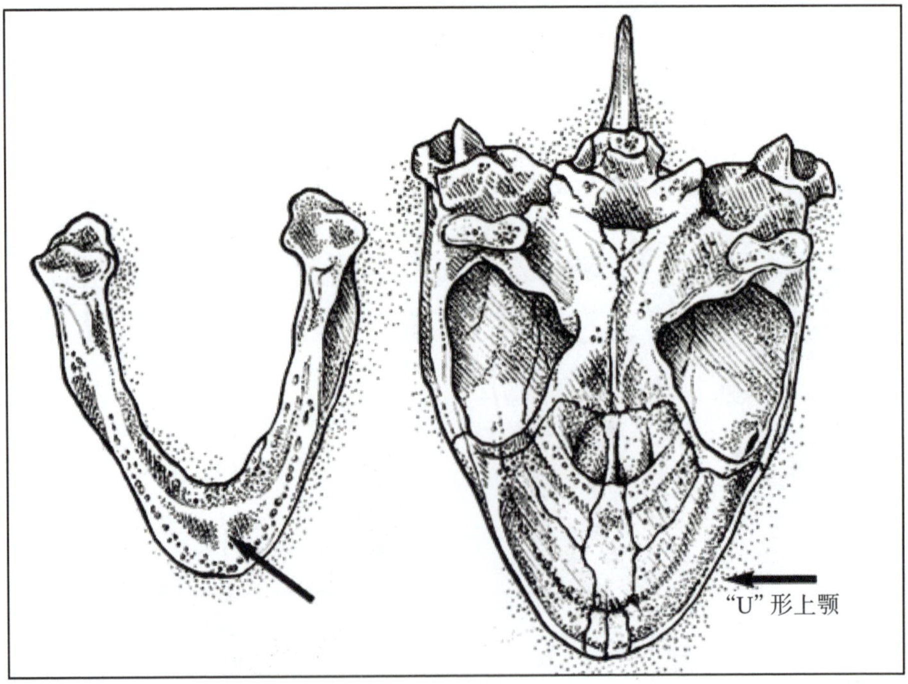

b

图4-3　绿海龟颅骨的腹面（右）和下颌（左，箭头指向下颌中线尖端）

红海龟是龟鳖目海龟科蠵龟（图4-4、图4-5）属的一种。其头相对比较大，后部变宽，并且眼眶前面的鼻吻部逐渐变窄。顶骨的“V”形凹痕（即顶骨缺口或顶切迹：由后部边缘的鳞状骨、顶骨和上枕骨形成“U”形刻痕）较大，颌坚固且外形像一个宽的“V”字。红海龟有一个相对长的次生颚（次生颚是块骨板，分开或部分分开食物和空气通道）。上颚缺少齿槽的脊和两个颚骨在前颌骨前方相互接触。

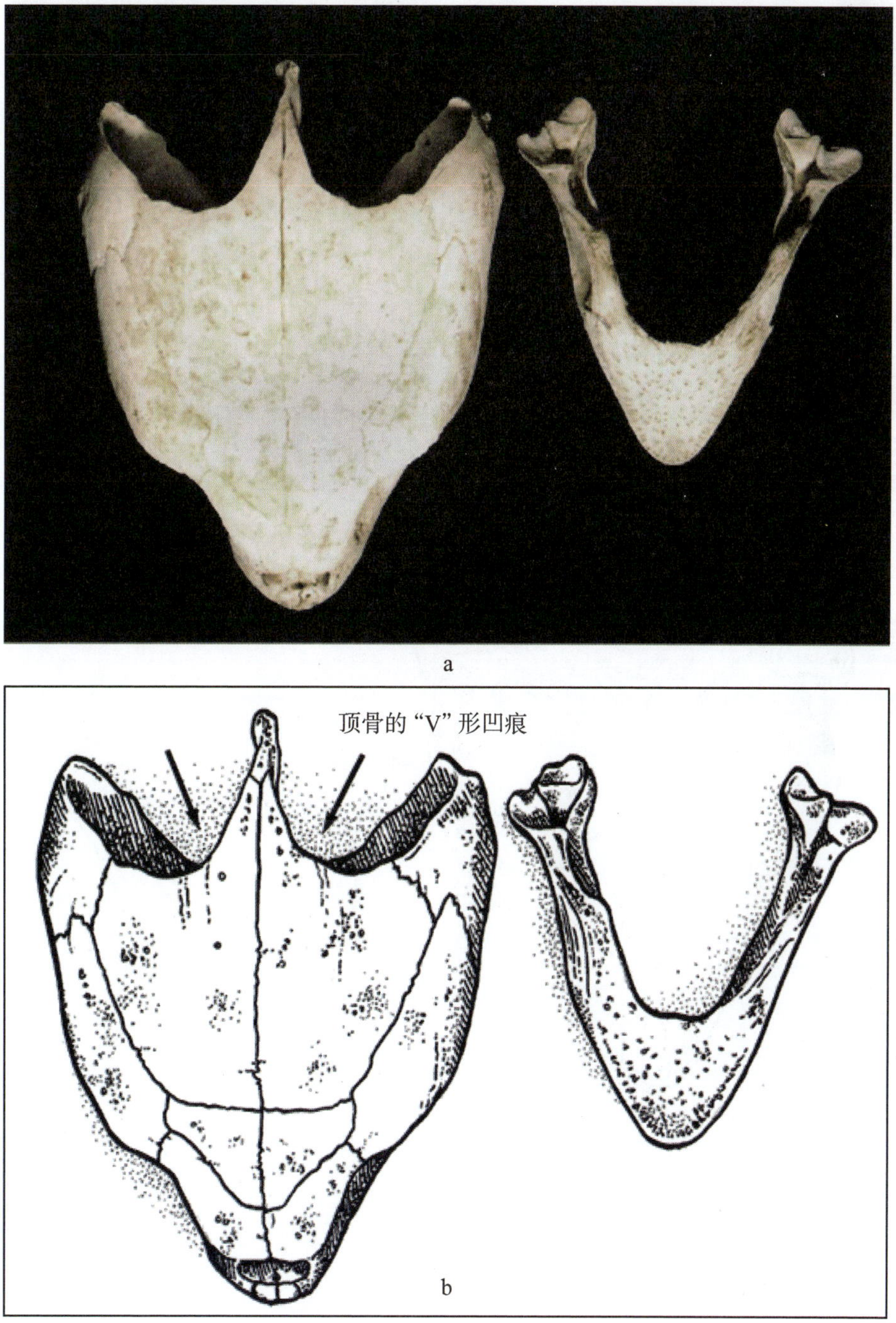

图4-4　蠵龟颅骨背面及下颌（箭头指向顶骨的“V”形凹痕）

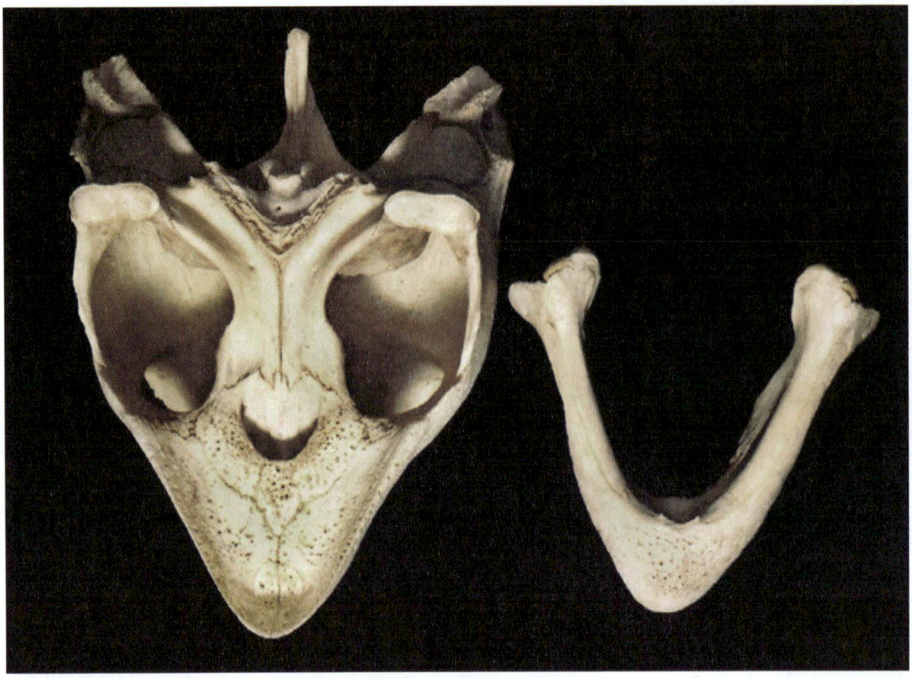

a

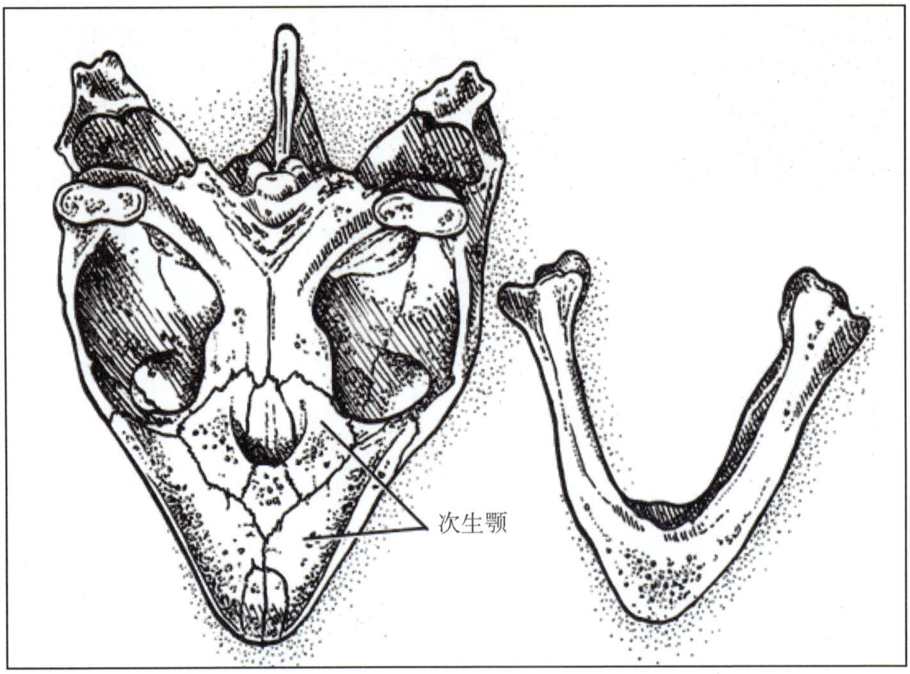

b

图4-5 蠵龟的颅骨腹面及下颌（注意两颚骨在中线相接）

肯普氏丽龟（大西洋丽龟）的颅骨在整体形状上与红海龟相似，但可从颚的特征来区分。肯普氏丽龟的脑壳大体上呈三角形，顶骨的“V”形凹痕发育良好（图4-6）。眼眶前方的吻部逐渐变窄。颌的形状呈宽而弯曲的“V”字，且有一个相对长的次生颚。上颚有纵向的齿槽脊，且两个颚骨被犁骨分开（犁骨向前与前颌骨的关节接合）。与其他种类相比，肯普氏丽龟的眼眶较小，且每个眼眶的背缘都有骨脊，从眶后骨前方向两侧延伸。

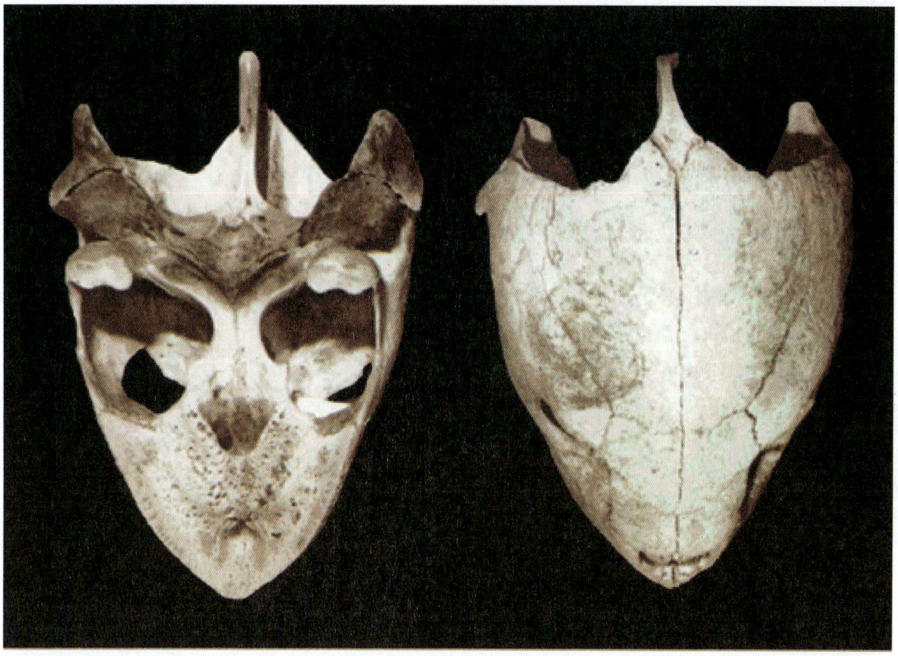

a

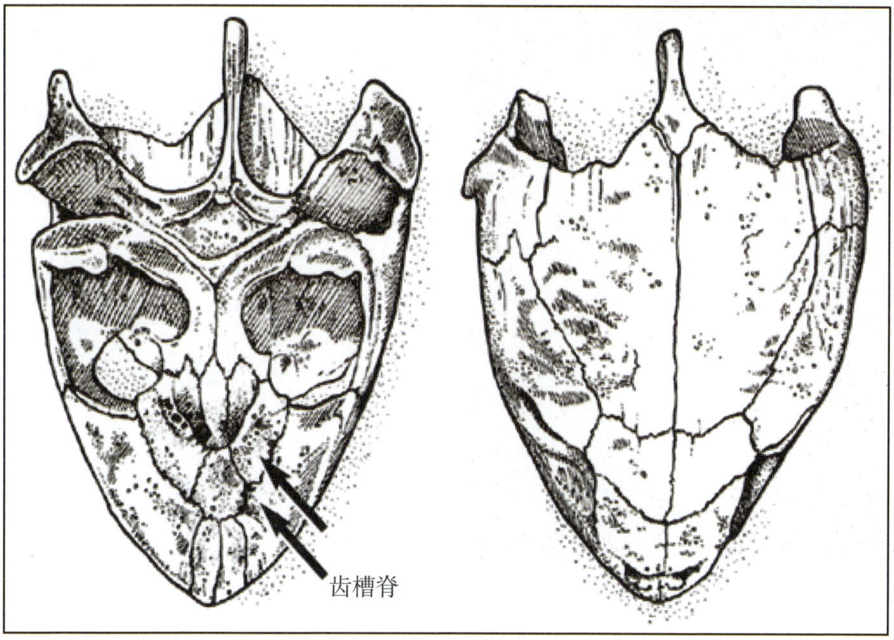

b

图4-6　肯普氏丽龟颅骨的背面及腹面

太平洋丽龟颅骨的形态与红海龟及肯普氏丽龟的相似（图4-7～图4-9），大体上呈三角形，后部宽，且有深的顶骨缺口。颌呈宽的“V”形，上颚缺少齿槽脊。两上颚骨被与前颌骨相关联的犁骨分开。眼眶大于肯普氏丽龟（图4-10），且其翼状骨在最窄处比其他种类的宽。

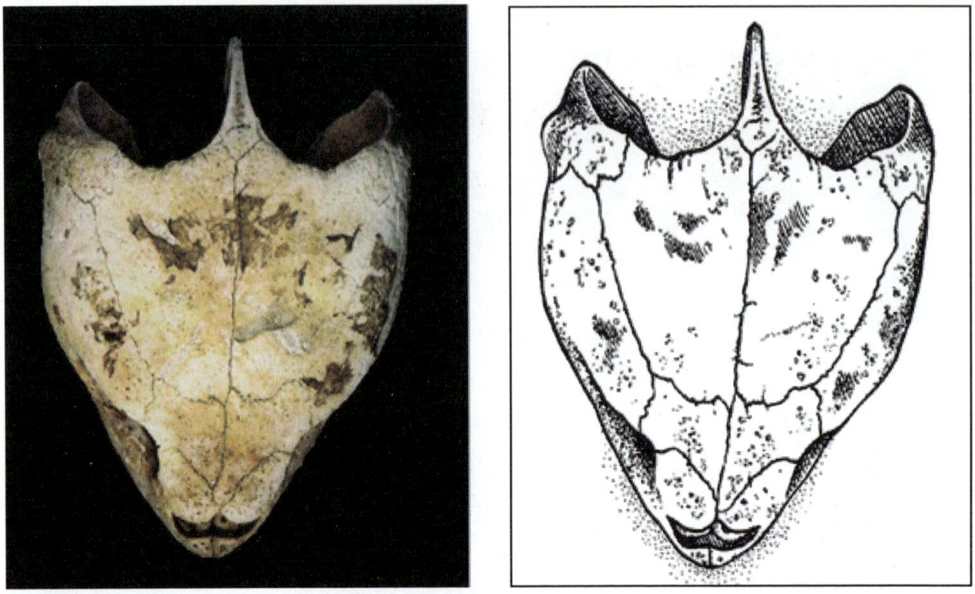

a　　　　b

图4-7　太平洋丽龟颅骨的背面

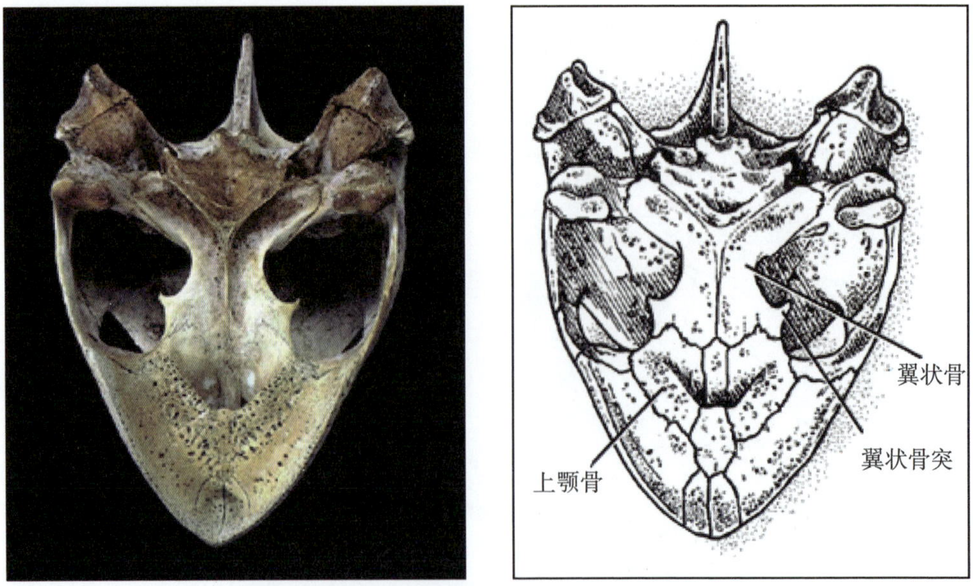

a　　　　b

图4-8　太平洋丽龟颅骨的腹面

与肯普氏丽龟相比，太平洋丽龟的翼状骨成比例地增宽，其翼突更显著。

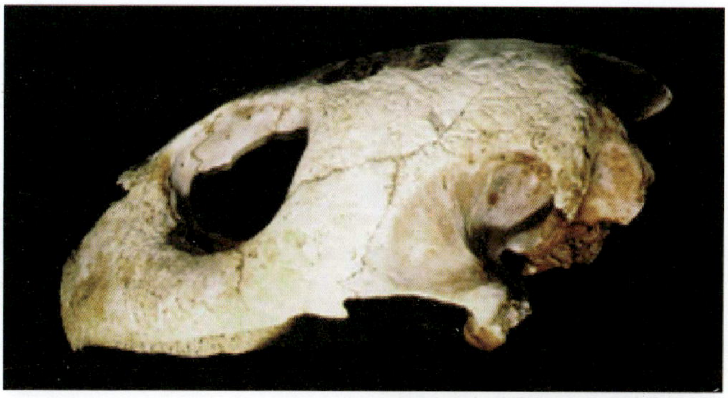

a

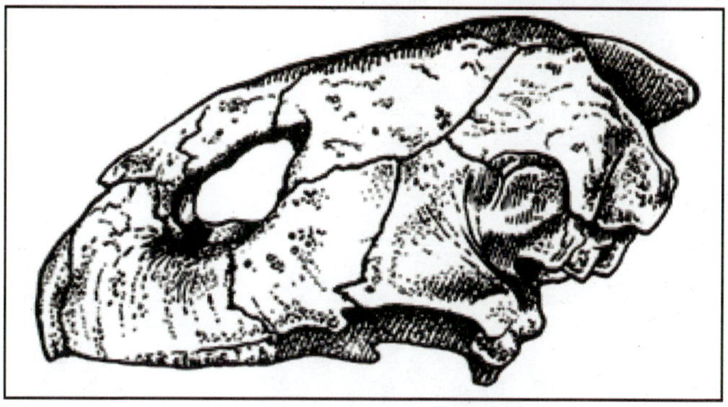

b

图4-9　太平洋丽龟颅骨的侧面

沿其长轴测量时，其眼眶相应地比肯普氏丽龟的大。

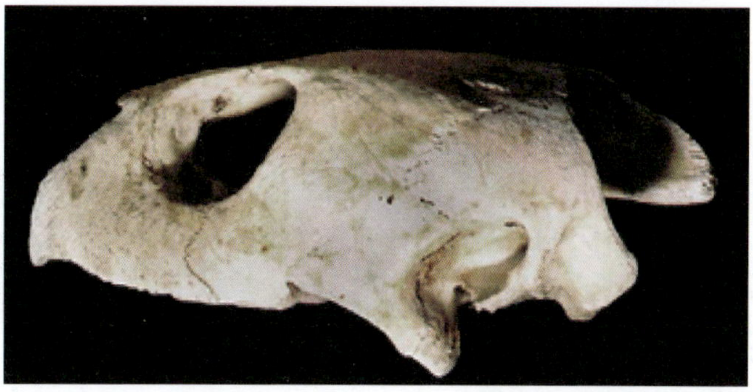

a

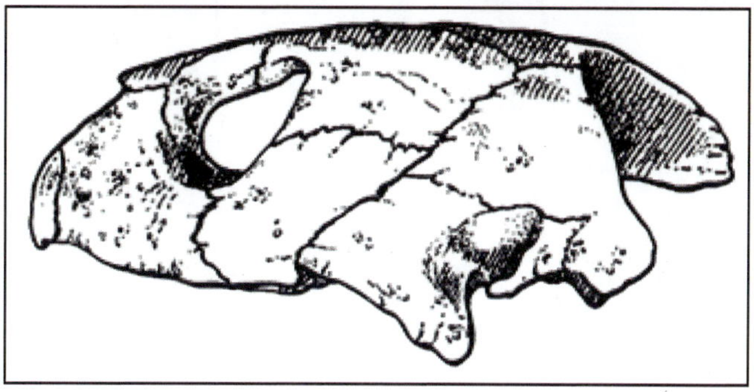

b

图4-10　肯普氏丽龟颅骨的侧面（注意其更小的眼眶及轻微的钩吻）

玳瑁（图4-11、图4-12）的颅骨长且窄，长度大约是宽度的2倍（脑壳最宽处）。其颅骨有深的顶骨缺口、吻部逐渐变得尖细，颌呈窄的“V”形。次生颚发育良好，内鼻孔在口腔前端的1/3处。两上颚骨被与前颌骨相关联的犁骨分开。

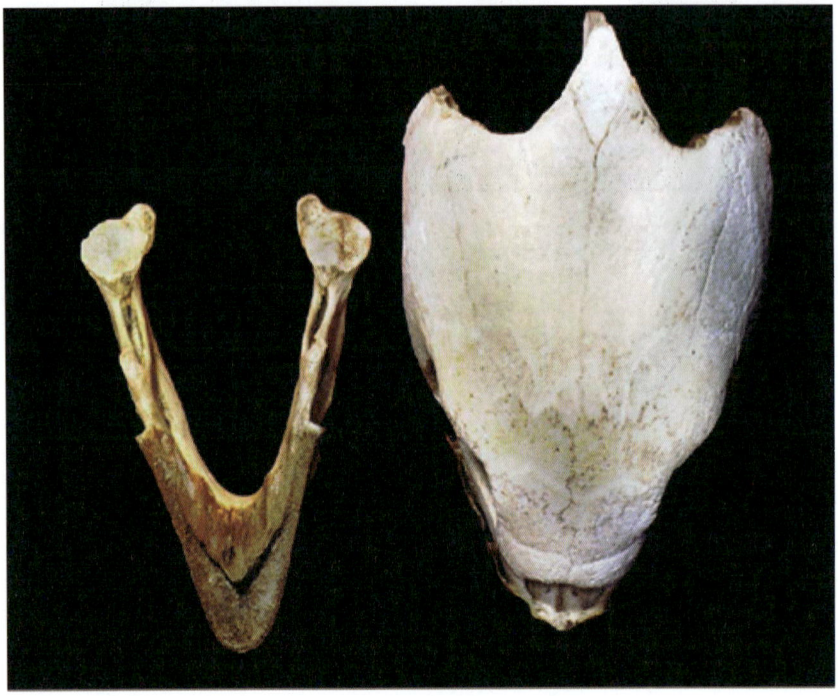

a

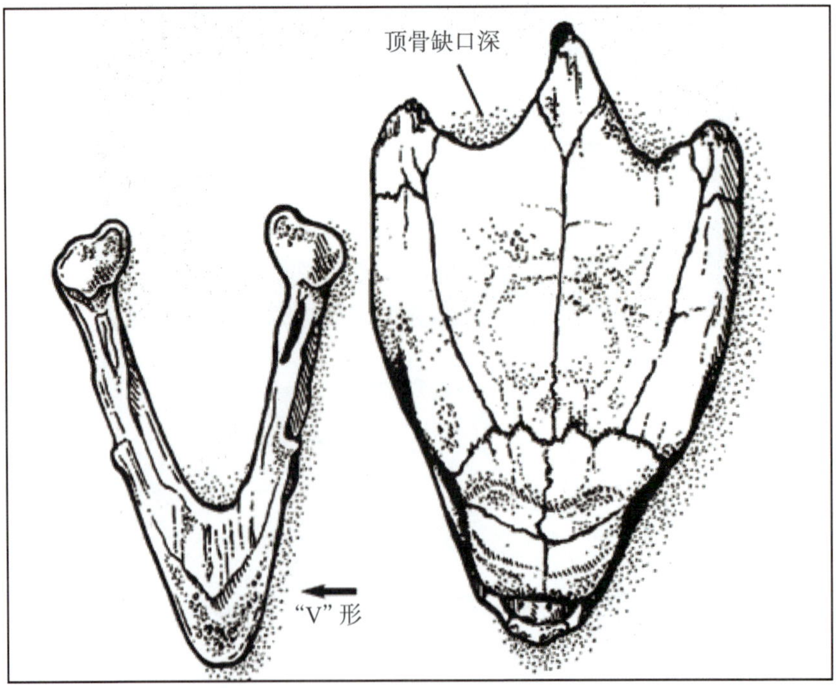

b

图4-11　玳瑁颅骨的背面及带有嘴鞘的下颌（颌非常窄，且呈“V”形）

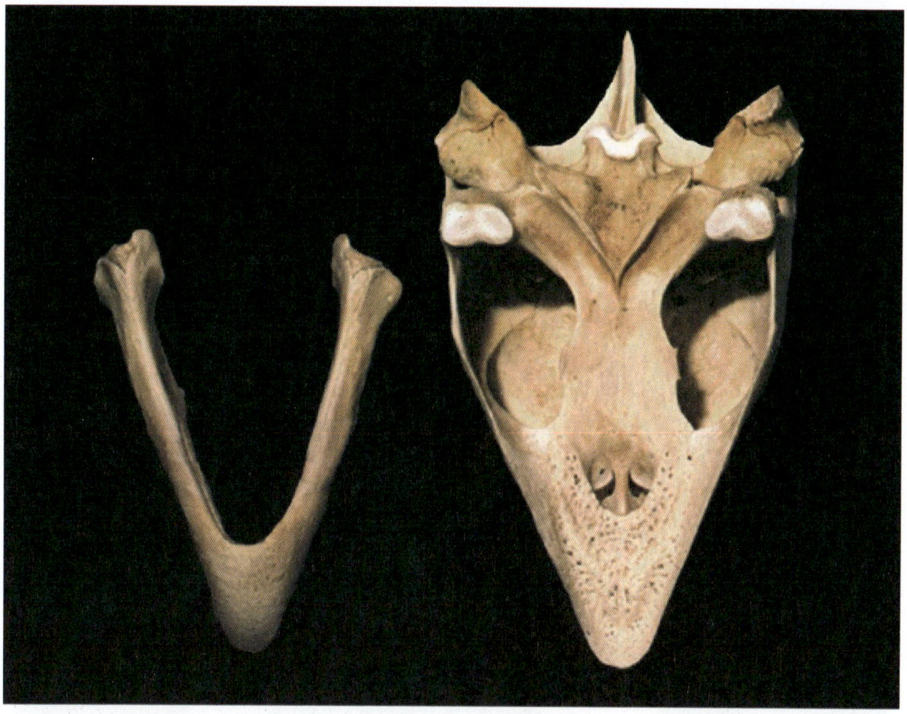

a

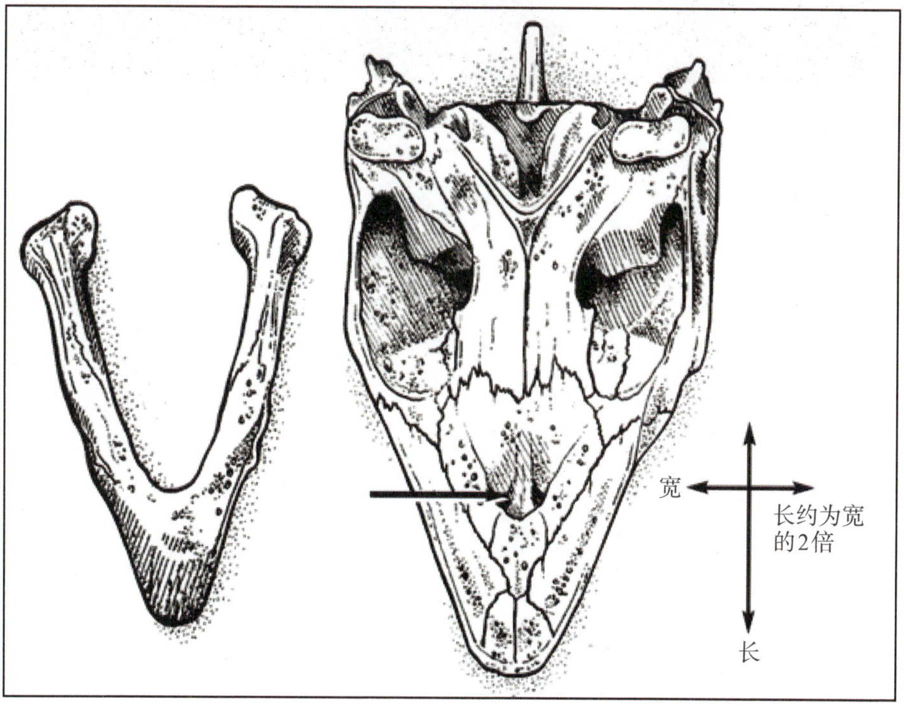

b

图4-12 玳瑁的颅骨腹面及下颌

玳瑁的颅骨长且窄(与其他种海龟相比),次生颚较长,因此内鼻孔(箭头所指)相对靠后。

棱皮龟(图4-13、图4-14)的颅骨不太可能与其他种类的混淆。其颅骨宽阔且前方有大而圆的眼眶，没有顶骨缺口。骨联结松散(缺少骨融合，此乃性早熟、幼态持续，具有胚胎期的特征)；很少或无次生颚。颌缘锋利且有缺刻，在前颚骨上有突出的顶点。在颌部联合处，下颚向背部指向一点(此处是两半下颚接合点)。下颌有一个软骨部分在齿骨内侧。

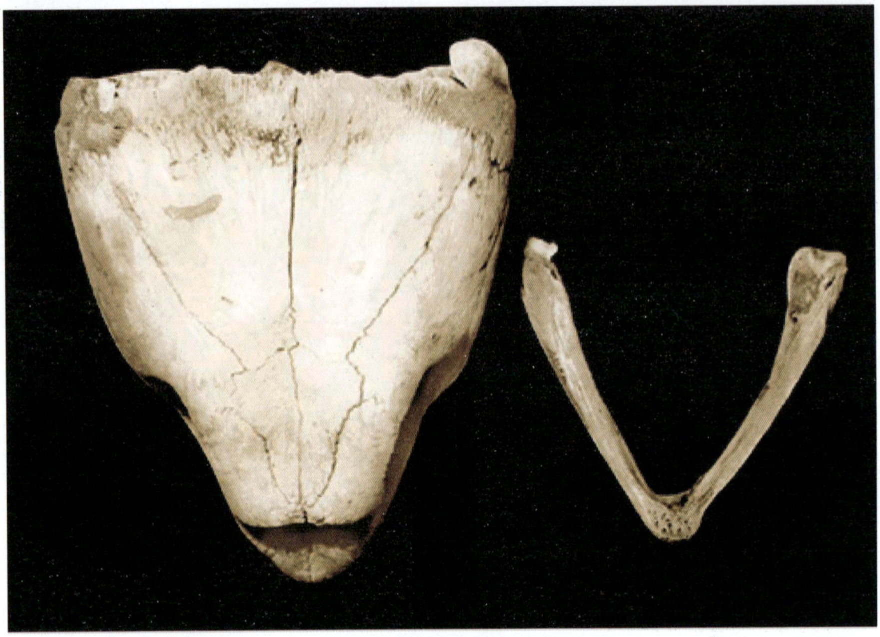

a

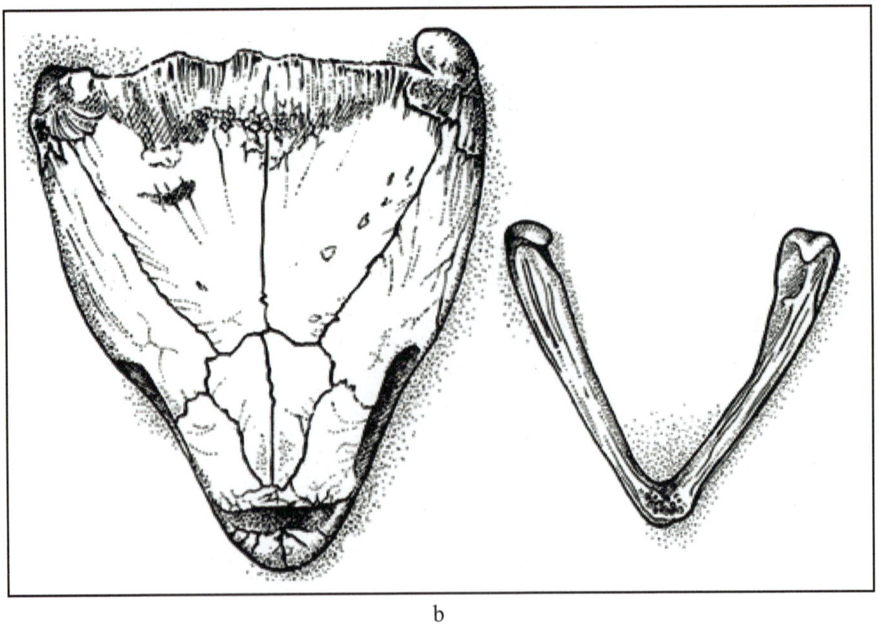

b

图4-13　棱皮龟的颅骨背面及下颌

与其他种的海龟相比，棱皮龟的骨骼组合更疏松。因缺少骨融合，棱皮龟的颅骨及骨骼形态被描述为性早熟或幼态持续(具胚胎期的特征)。

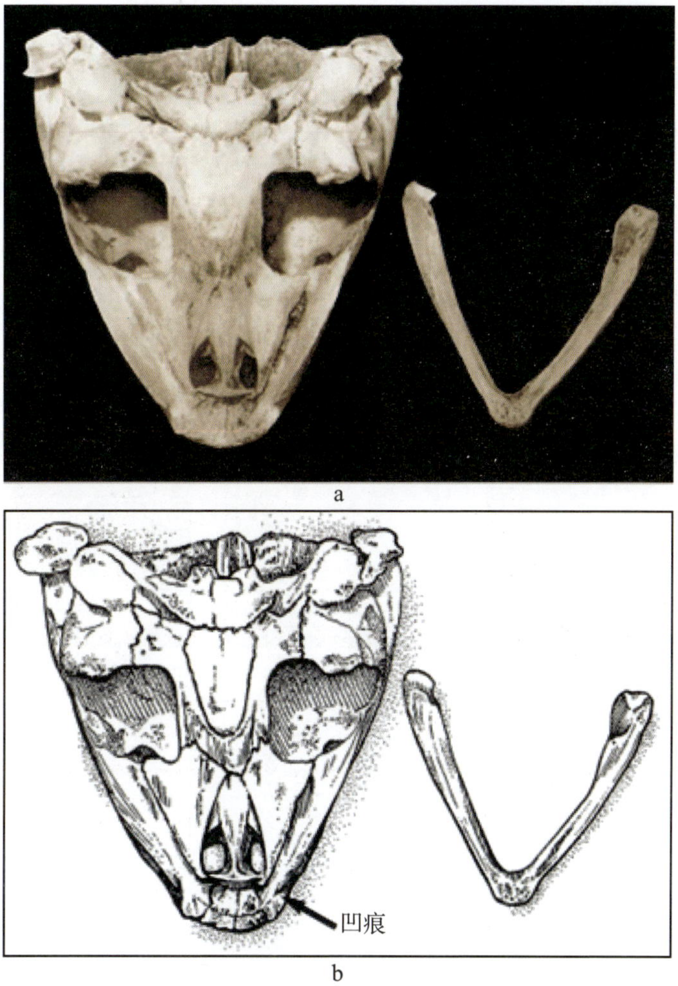

图4-14　棱皮龟的颅骨腹面及下颌（注意次生颚缺失及疏松的骨连接）

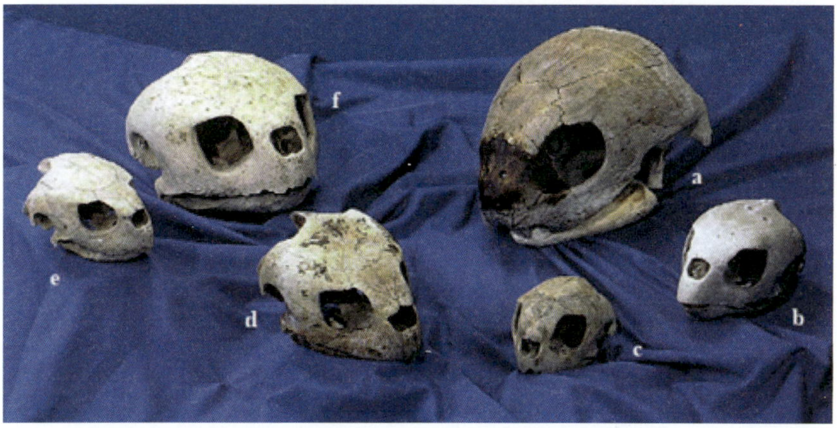

图4-15　美国海域中发现的所有海龟种的颅骨

从右上方按顺时针方向依次为：a.棱皮龟；b.玳瑁；c.绿海龟；d.太平洋丽龟；e.肯普氏丽龟；f.蠵龟。玳瑁、绿海龟及肯普氏丽龟的头骨来自未成年个体，其余的是成年个体。

五、嘴鞘的结构　Rhamphotheca Structure

喙状嘴

喙状嘴是龟鳖动物角质化的上下颌（喙）。它们覆盖（保护）上颌的上颌骨、前颌骨和犁骨，以及下颌的齿骨。品种不同，食性则不同，喙亦不同，可用于鉴定。

有好几个术语是用来描述嘴或喙的位置的。齿槽发现于除龟以外的有齿爬行类的颌口的内表面和边缘，上颚是指口腔顶部的水平面。颊部是指靠近舌的下颚部。

下面是阐明和描述种的喙状嘴的特定特征，对鉴定种类非常有用（图5-1）。

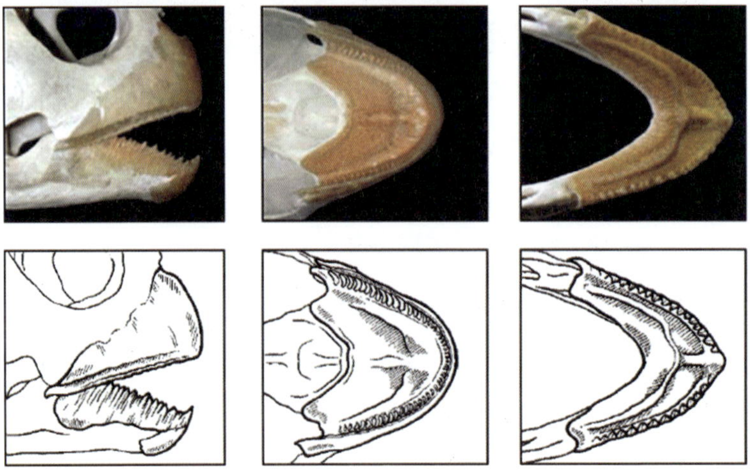

图5-1a　绿海龟的喙状嘴

其嘴吻部圆，表面角质化、平滑而细致；边缘轮廓为锯齿形和穗状尖头；上喙有锯齿状的、短的牙尖；内表面有垂直的、对齐的脊；下喙有锯齿状的、垂直的穗状突起；平行的内脊具有更细小的成排牙尖；中腹脊无尖刺连接两侧；中央脊两侧的齿槽表面有两凹沟。

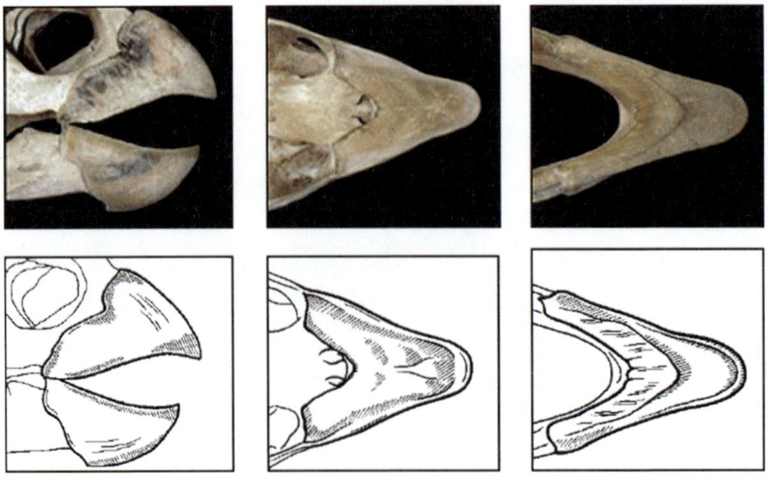

图5-1b　玳瑁的喙状嘴

其嘴构造适中；吻部狭窄、齿槽缘锋利；上喙颚非常光滑；纤细的脊与下颚平行，年老的脊可能有磨损；下喙窄而平滑；三角形的突出从口腔后缘伸向前方。

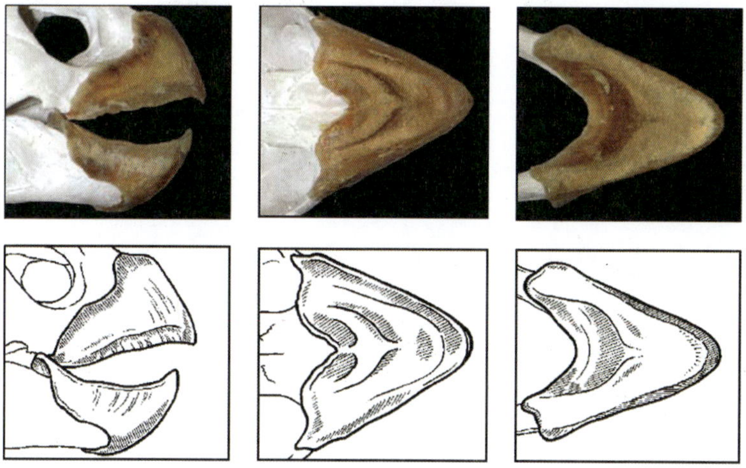

图5-1c 红海龟的喙状嘴

其喙状嘴构造坚固，齿槽的边缘锋利；年幼个体的上、下颌向前集中到一点；上喙的上颚部分宽阔，口腔内形成咀嚼面；年幼个体中发现有两个“V”形上颚脊，其在年老个体中已磨平；下喙呈槽状、咀嚼面厚；在后缘还发现有一个“U”形咀嚼面。

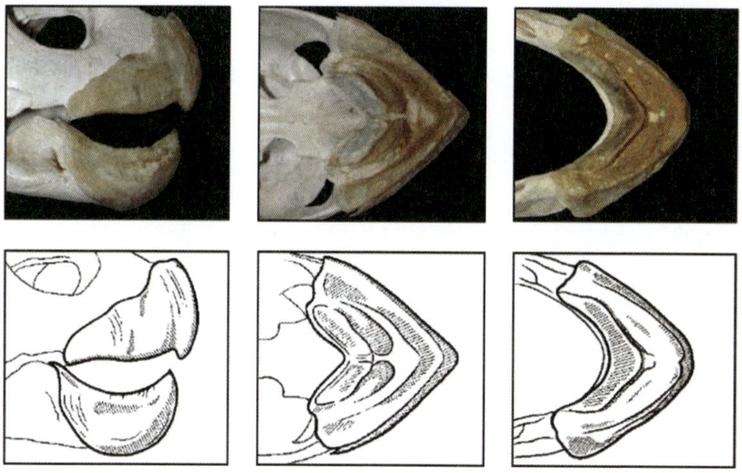

图5-1d 肯普氏丽龟的喙状嘴

其嘴由很厚的(角质化)齿龈表面构成；上下颌在前方形成钩状点；上喙咀嚼面宽阔，角质化边缘锋利；上颚部有两个大的月角；下喙呈槽状，有两个与上颚月角相对应的凹沟；后缘有锋利的“U”形脊。

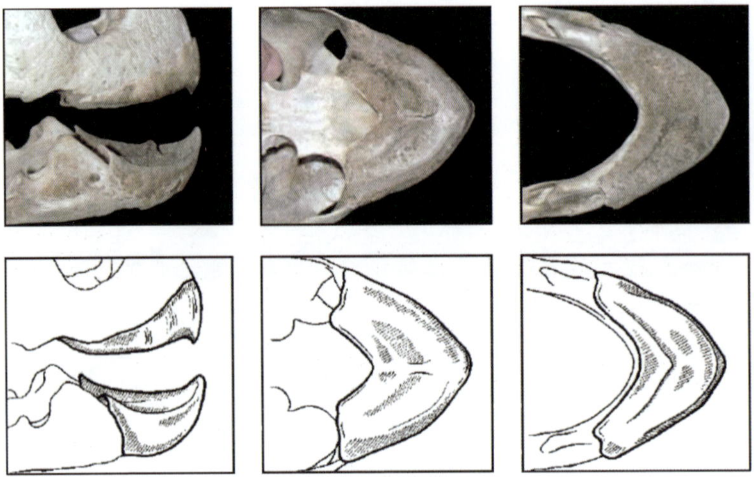

图5-1e　太平洋丽龟的喙状嘴

其嘴由很厚的（角质化）齿龈表面构成；上下喙指向前中线；上喙呈宽板状，角质边缘锋利；上颚两侧有个向前伸到内鼻孔的脊；下喙的口腔后缘有一个宽而锋利的“V”形脊。

六、标准测量方法　Standard Measurements

当描述海龟的大小时，有几个测量长度(图6-1)的不同方法。采用不同的测量法是为了能与世界各地的海龟研究分享可比较的数据。采取曲线测量法时，用一把非拉伸的卷尺，采取直线测量法时则用卡尺。下面是标准测量方法及其界线。

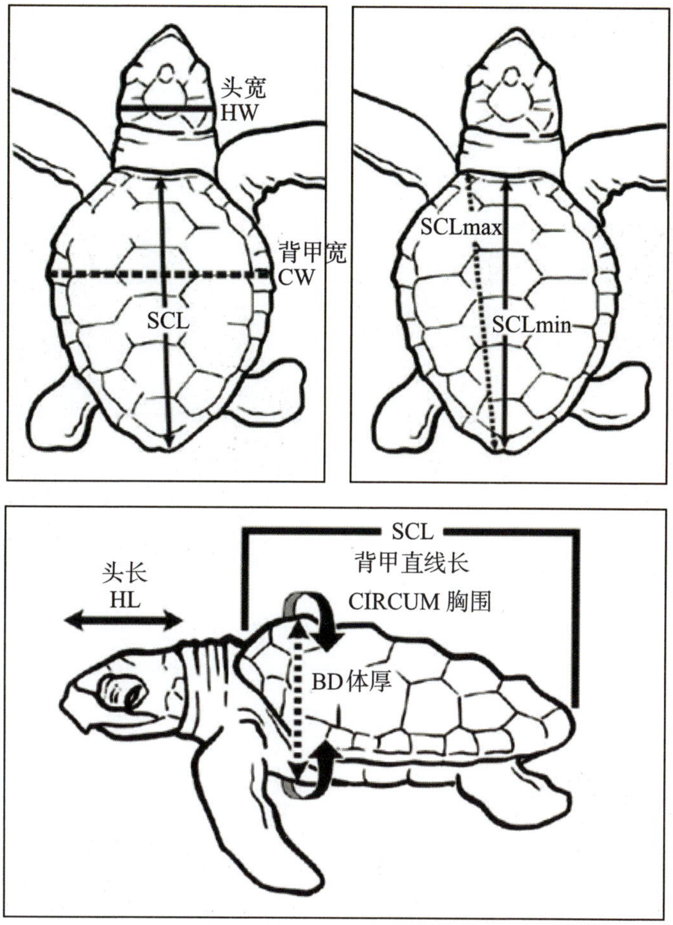

图6-1　海龟的各种测量法

海龟科的标准长度(背甲直线长SCL及背甲曲线长CCL)测量自颈盾中点到背甲最后端(图6-2、图6-3)。**背甲直线长**(**straight carapace length = SCL**)：颈盾凹陷中点至臀盾后缘顶点之间的直线长度。**背甲曲线长**(**curved carapace length = CCL**)：颈盾凹陷中点至臀盾后缘顶点之间的曲线长度(使用同样的界标但用的是卷尺)。如果卷尺越过生物个体，在测量时应该做记录描述这个偏差。测量棱皮龟的背甲直线长(SCL)是从颈背缺口中间到尾柄最末端。测量棱皮龟的背甲曲线长时，拉紧卷尺从颈背缺口中间量到尾柄终点，不必使卷尺紧贴背脊。

图6-2　背甲直线长（SCL）

图6-3　背甲曲线长（CCL）

最小背甲长（**最小背甲直线长SCLmin和最小背甲曲线长CCLmin**），也叫缺口对缺口的长度，是测量自颈盾中点到最后两个缘盾相接的缺口之间的距离（图6-4、图6-5）。

图6-4　最小背甲直线长（SCLmin）

图6-5　最小背甲曲线长（CCLmin）

最大背甲长（**最大背甲直线长SCLmax和最大背甲曲线长CCLmax**），有时也叫最大长度，是从背甲最前端部分到同侧背甲的最后端点（图6-6、图6-7）。

图6-6　最大背甲直线长（SCLmax）

图6-7　最大背甲曲线长（CCLmax）

背甲宽（**背甲直线宽SCW和背甲曲线宽CCW**）是测量背甲最宽处（不在特定的盾片）。棱皮龟的背甲宽通常是测量最外侧脊的最宽处。需要注意的是确保卡尺或卷尺与动物的长轴垂直。用卷尺与卡尺测量最大宽度时不会总是落在同一个点上（图6-8、图6-9）。

图6-8　背甲直线宽(SCW)

图6-9　背甲曲线宽(CCW)

最大头宽Maximum Head Width(**HW**)是用卡尺测量头部最宽处(图6-10)。

最大头长Maximum Head Length(**HL**)是沿中线从上颌最前端测量到颅骨的最后端——上枕骨冠(图6-11),作为界标,这块骨头是通过触觉(触诊)进行识别的。

图6-10　最大头宽(HW)

图6-11　最大头长(HL)

记录**体厚Body Depth**(**BD**)时,让动物侧起身或挖一个沟使得成年动物身下的卡尺爪着地。采用这种测量法时,应保持下端卡尺爪与腹甲平行,使得卡尺在最大壳高处(图6-12)。

测量动物时,要检查前后肢标记或标记的伤疤(棱皮龟的标记或创伤在尾部附近,图6-13)。

腹甲长Plastron Length有直线长(**SPL**)和曲线长(**CPL**),其定义为坚硬腹甲的最后端至最前端。这些点可能超越颈部的腹底面的间喉盾或喉盾和腹甲的肛盾或间肛盾(图6-14、图6-15)。

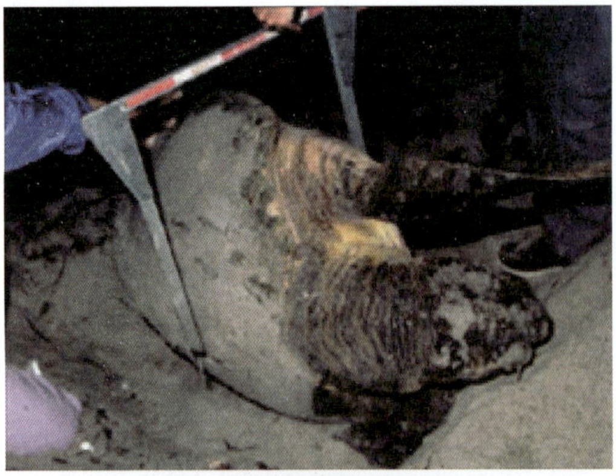
图6-12　体厚Body Depth（BD）

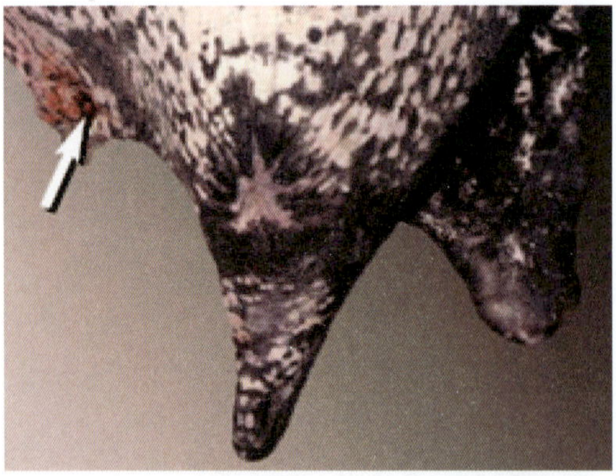
图6-13　棱皮龟标记（Tag）撕下的伤疤

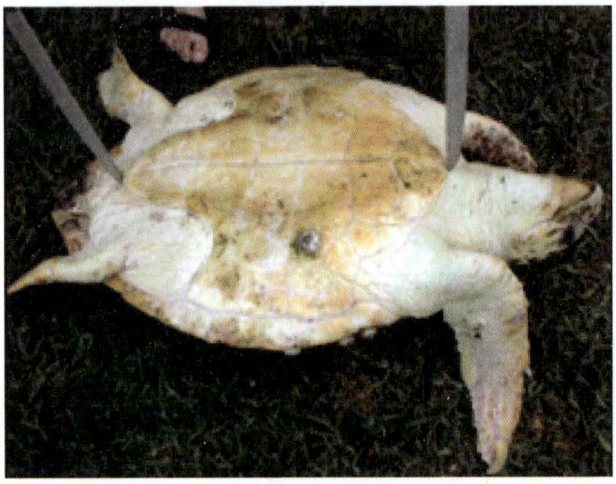
图6-14　腹甲直线长（SPL）

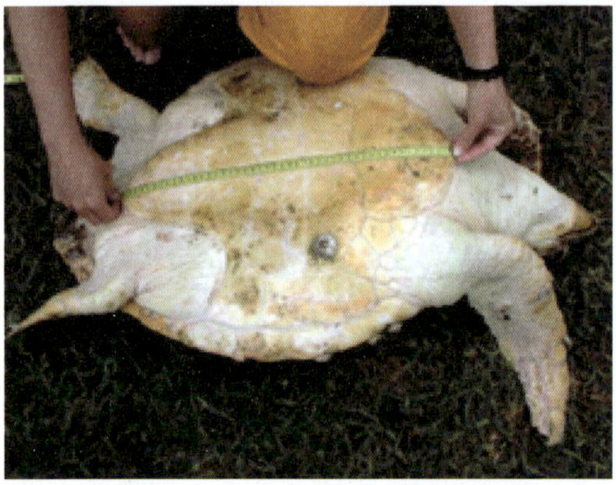
图6-15　腹甲曲线长（CPL）

总尾长Total Tail Length（**TTL**）是测量腹甲最后端至尾尖的长度。**腹甲至泄殖口长度Plastron-to-Vent Length**（**PVTL**）要单独测量，是从泄殖孔中间到腹甲最后端。**泄殖孔至尾尖长Vent-to-Tip Length**（**VTTL**）是从泄殖孔中心测量至尾尖或估算减损的长度（图6-16、图6-17）。

图6-16　总尾长Total Tail Length（TTL）

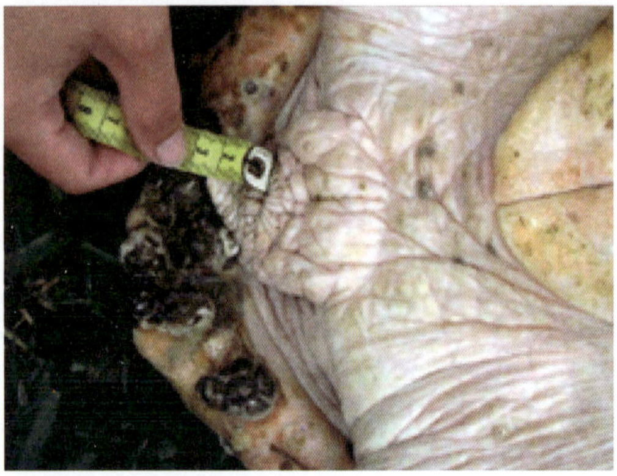
图6-17　泄殖孔至尾尖长Vent-to-Tip Length（VTTL）

胸围Circumference（CIRCUM）测量与海龟体长轴相垂直的最大周长（鳍状肢除外，图6-18、图6-19）。

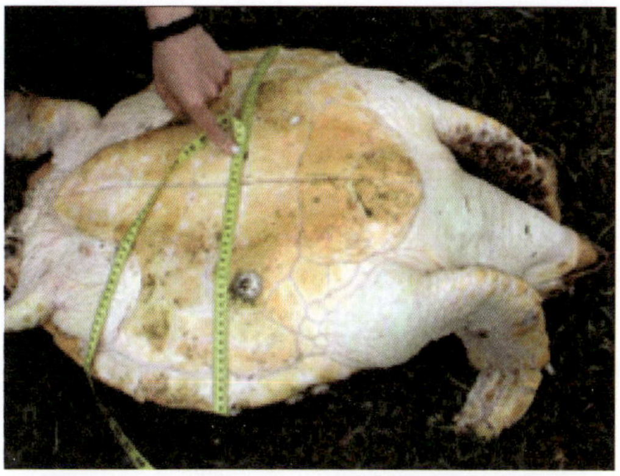

图6-18　胸围Circumference（CIRCUM）

图6-19　胸围Circumference（CIRCUM）

七、解剖方法　Methods of Dissection

1. 工具及准备

在开始解剖之前，确定具备所有必需的工具、数据记录表、钢笔和铅笔。工具应包括大、小卡尺，卷尺(图7-1)，数码相机，一个或数个锯子，铁剪(金属或骨头大剪刀)，一个或多个锋利的刀子，手术刀片及解剖刀柄，磨刀石或磨刀钢制品，止血钳子或老虎钳(图7-2)。其他有用的工具还有：钝的探针，有齿或无齿的镊子，移液用的吸液管和(或)注射器；碗状容器、塑料袋或瓶子，细绳或橡皮筋；最低限度的保护用品包括手套、靴子、上下身连体长袖工作服或工作裙；随手可用的纸巾。开始前确保工具锋利并能够经常磨使之锋利。海龟皮肤很坚韧，可能很快令刀子及解剖刀片变钝。为了清理方便，草药和抗菌肥皂有良好的消除异味及消毒作用；10%的含氯漂白剂(次氯酸钠)溶液用来消毒地面、碗或盘子；1份含氯漂白剂通常混合9份水作为检查惯用的溶液浓度；有些牌子的漂白溶液浓度比较高，对大多数精良的工具伤害很大。

图7-1　测量工具：一条无伸缩性的卷尺及大的游标卡尺(树卡钳)

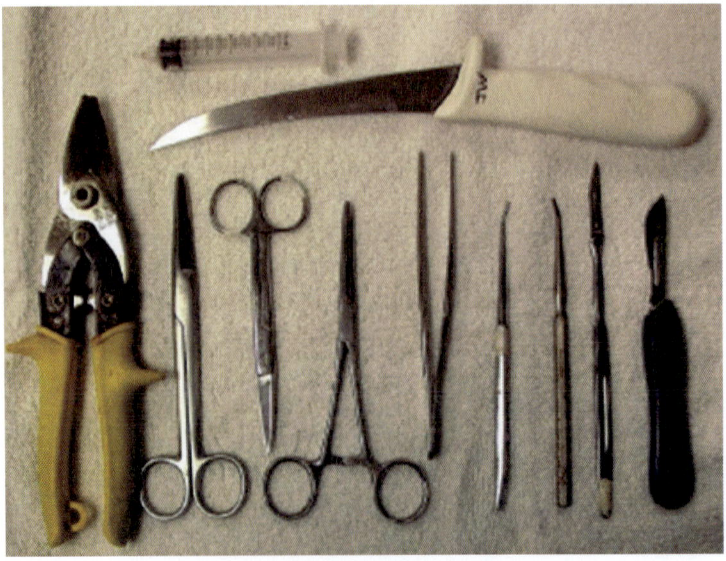

图7-2　用于解剖的工具示例

如图7-2，从左向右依次是：铁剪、钝头剪、尖头剪、止血钳、无齿镊、钝探针及各种解剖刀。针筒及刀子(上方)也很实用。

2. 指南的使用说明

通常解剖进展过程依据身体部位进行，而研究者倾向于根据系统来探求结构。因此，此处将简要地根据解剖部位来描述，而每个结构必要的更详尽的描述将会专门放在相关器官系统详细资料的章节中。

下面是关于最普通解剖的指导说明。个体不同，解剖进行的顺序亦不同。虽没有一个正确的方法，然则所有的解剖工作应该从全面的外表检查及确认种类开始。拍照对确认种类、证明异常及解决问题很有帮助。

在大多数个案中，将动物尸体腹部向上放置时，工作起来最容易(图7-3)。对于大的动物可能要用重型设备来帮助搬运尸体。

当放置解剖的尸体时，要注意邻近建筑物、排水系统和潮汐情况。因解剖过程可能需要花费好几个小时，开始解剖工作之前，要考虑到当天的时间是否充足。在某些情况下，包装好整个或部分动物放入冰箱内是一个减缓腐烂的好策略。

3. 外表检查

关于尸体的一个完整描述应该开始于外表检查。种类、大小及性别(如已成熟)必须记录下来。外来杂物、异常情况、愈合或新鲜的伤口及其位置都应描述清楚。在一些种类中，肿瘤很常见，特别是绿海龟，其肿瘤的大小、色泽、质地及位置也要记录下来。

图7-3　海龟尸体腹部朝上

图7-4　腹部开始下刀的线路轮廓图

4. 开始解剖

由移除腹甲开始，在颈部皮肤上切个口，然后侧向延伸（图7-4、图7-5）。围绕腹甲附近的腋窝区和沿着缘盾与下缘盾之间的接缝切开（图7-5）。来自腹部骨骼的骨隆起扩展到靠近前后下缘盾的周围骨骼。因此，切口不能完全顺着接缝。后肢附近的皮肤和肌肉较薄，此处要小心，以免切破体腔。切口应沿着腹甲的后缘。

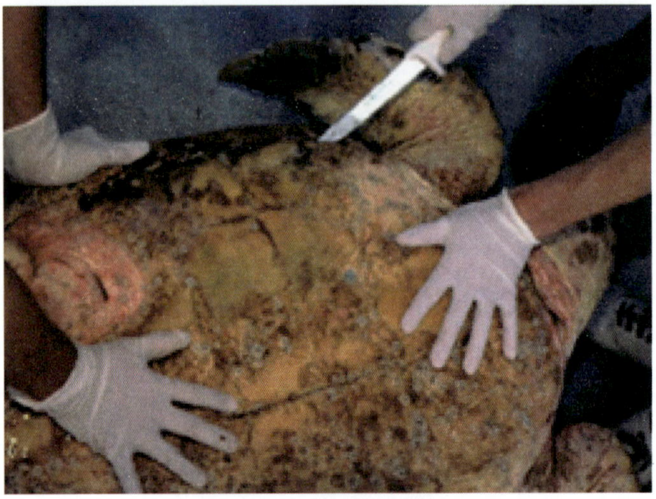

图7-5　海龟腹部切割

用刀子或手术刀片切割腹部，用刀子时，确保刀尖紧贴腹甲，防止伤及内脏。

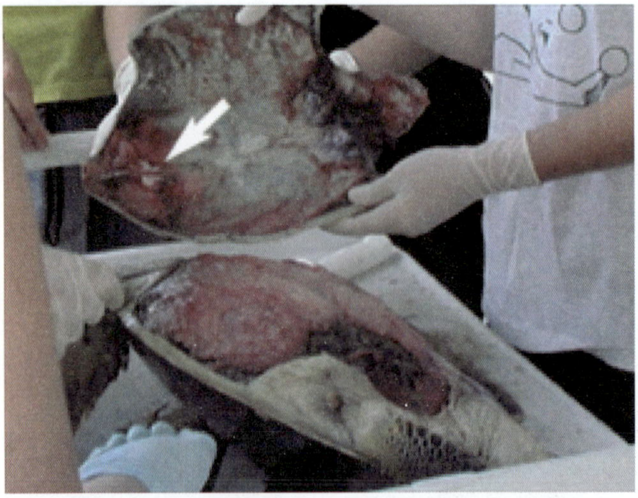

图7-6　切除腹甲（肩峰突与腹甲间的连接要切断）

腹甲前部被厚厚的结缔组织粘附到胸部组织上（肩部骨骼）。在海龟科，这个部位在靠近中线、肱盾与喉盾会合的边际。在解剖硬壳海龟及棱皮龟时，都必须贴近腹甲切断连接

（图7-6），以防损伤心脏、大血管或甲状腺（图7-7、图7-8）。切断连接后，提起腹甲，用钝器从壳上分离肌肉和血管。钝器解剖法，是用手或钝器剥离结构，常用来分离肩肌与腹甲及腹膜（一种覆盖在器官上的半透明结缔组织）之间的连接。

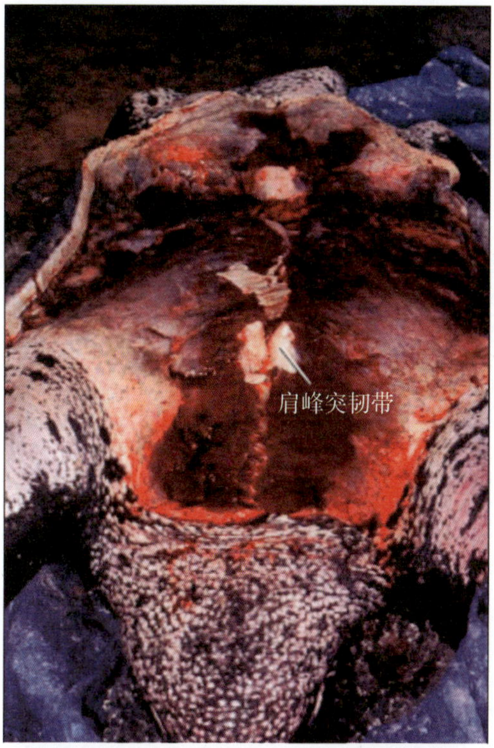

图7-7　棱皮龟巨大的胸肌及骨盆肌肉组织

体前端的两块白斑是切断的肩峰突韧带，龟头朝下方。

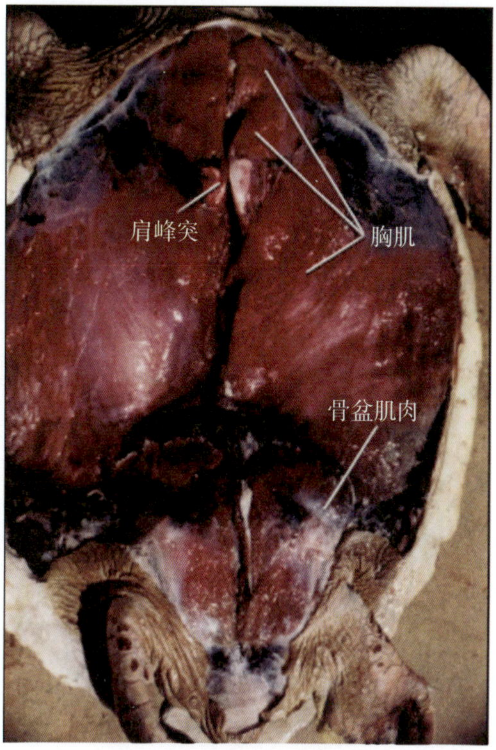

图7-8　暴露的胸腹部位

胸腹部及骨盆肌肉组织覆盖了大多数腹膜和器官，这些必须清除以暴露腹腔。可见毗邻中线的一对肩峰突，但胸肌遮住了扇形的喙突。龟头朝上方。

在完全从两侧移除腹甲之前，确定绿海龟及丽龟的灰绿色**拉斯克腺体**的位置。拉斯克腺位于拉斯克孔（图2-14）深处，包埋于脂肪内。触诊时，该腺体比脂肪密度大。如需要取样，可切下腺体，像大多数器官一样切片；如放入水中，拉斯克腺会沉入水底，而脂肪则浮于水面。这是区分二者的方法。

5. 内部界标

一旦移去腹甲，你就会看到躯体胸腹部表面大部分覆盖着肌肉（图7-7、图7-8）。有三大主要肌群必须切除或剖开以露出内脏，这些是沿着颈部的纵肌、用来游泳的大羽状胸肌和附着在腹甲的扇形骨盆肌肉（图7-8）。

可用来找到器官的好界标有**肩峰突**（图7-8）及长三角形的**喙突**（即前乌喙骨）。两个肩峰突正好在体前方的颈后相交，并延伸到肩关节，其内侧有韧带相连到腹甲，喙突从肩关节向后延伸到下腹部。这两个肩带的组成部分作为划动前肢的许多大肌肉的附着点（图7-8；“肌肉解剖”，图9-2～图9-5）。左右肩峰及喙突的边界清晰，可充当心脏、大血管和甲状腺的界标。主要的血管也可作为定位甲状腺和胸腺的标志。

旋转肩峰和喙突有助于将肌肉从腹膜（包住内脏）分离下来。通过这层腹膜可看到心脏、肝脏及主要血管（图7-9）。破坏肩胛骨到背甲的连接，移除鳍状肢和肩带，暴露内脏。割断连接甲壳和颈部的肩肌。拧断肩峰及喙突，直到从肩关节伸到背甲前端的肩胛骨游离。用钝器解剖法切除剩余的连接，然后从躯体上拿开肩带及鳍状肢。

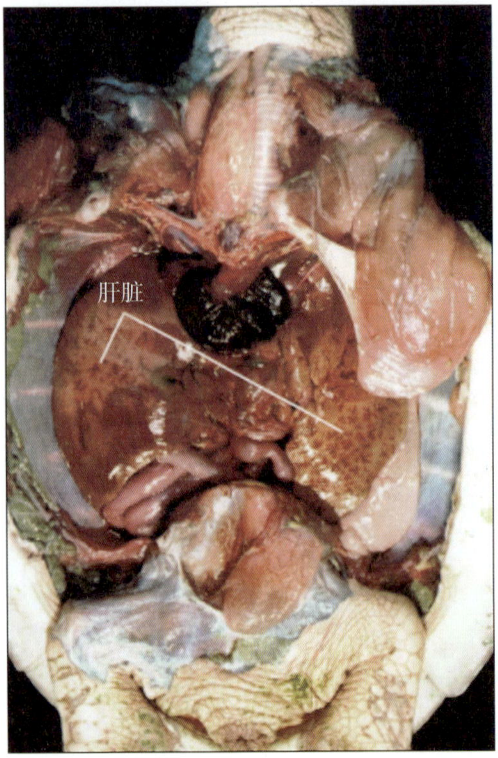

图7-9　暴露器官的布局（去除腹膜）

心脏位于中央、气管后方，肝位于心两边，右侧的肩带已切除，左侧的仍在。

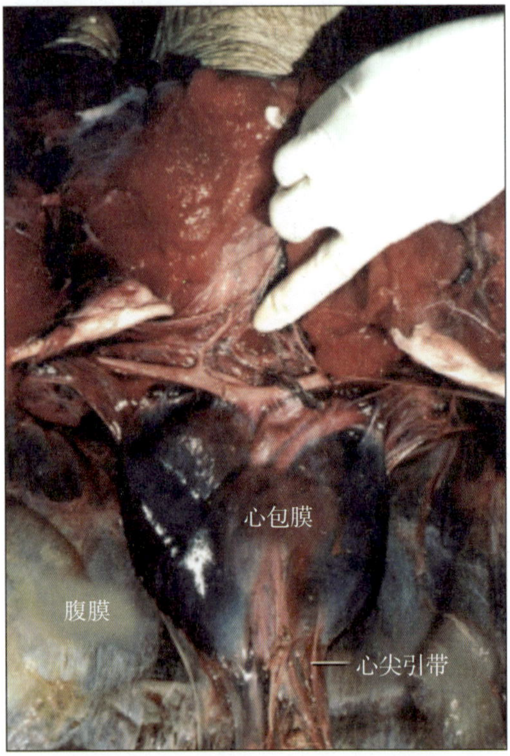

图7-10　心包膜容纳心脏及心包液

在甲状腺（指尖处）下方可见大血管（主动脉及肺动脉）及横向动脉，心脏由心尖引带（心包膜基部的组织索）系挂在后方。腹膜是一种半透明纤维膜并包围着器官，可见于心包膜两侧。

6. 心脏血管的解剖

打开**心包膜**（图7-10），露出心脏。特别是那些经冷冻又解冻的标本，心包腔常有液体。

心包膜一经打开，就会看到心脏的3个腔室：**心室**、**左心房**及**右心房**各一（图7-11）。由一个叫**心尖引带**（图7-10）的纤维结缔组织索将心室联系到心包膜上。切断心尖引带后，将心脏向前翻，就暴露出第4腔室，即**静脉窦**。静脉窦壁薄，收集从头部、心室、肺及躯体来的静脉血（“循环系统解剖”，图10-3）。

大血管（肺动脉、左主动脉及右主动脉）从心脏的前腹部升起。右主动脉随即发出一个分支：**头臂动脉干**（图7-11），接着其又向左右分支。小的甲状腺动脉由头臂动脉干产生，给单一的甲状腺供血。甲状腺摸起来好像是一个圆形的凝胶块。小心修剪掉脂肪及结缔组织，露出红色至棕色的甲状腺（图13-2）。接着头臂动脉干形成外侧的锁骨下动脉，后者伸向前肢又形成腋窝动脉。追随头臂动脉干到锁骨下动脉及腋窝动脉，就会找到左、右胸腺。在视觉上定位胸腺前，沿着锁骨下动脉及腋窝动脉用手摸就可找到胸腺。当已经识别了胸腺和甲状腺后，就可以切断所有的血管和静脉窦，移除心脏，进行仔细研究。如果想减少血液流进体腔，在切断前，也可以结扎血管。

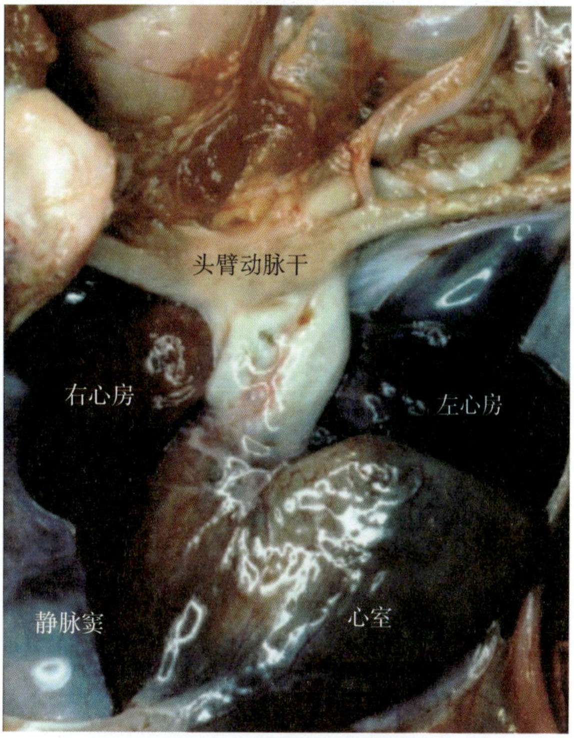

图7-11　暴露的心脏4腔

心脏有4腔：静脉窦、左心房、右心房及心室。两主动脉及肺动脉干出现于心室前方及两心房之间。头臂动脉干是定位甲状腺及胸腺的界标，心被推向外侧以呈示静脉窦。

7. 胃肠道及其相关结构

接下来检查胃肠道。在颈部皮肤的中腹处切口，暴露通向胃的**食道**及通向肺的**气管**。打开颈部皮肤及肌肉深部至**舌骨**（支持舌及某些颈肌的骨骼结构）。沿下颌内表面切开，切除舌、声门、气管和食道。气管和食道将晚于舌器脱离。食道在气管深处稍偏右。软骨环是气管的典型特征。食道是一条瘪陷的肌肉质管子。如果难以发现食道，可以用钝器或从咽喉插管并移动探针来定位该结构。

在体腔内，食管急转向左连接到胃。胃包括消化腺（肝脏及胰腺）通向小肠。大肠与小肠末端相连，胃肠系统以直肠结束（图7-12）。

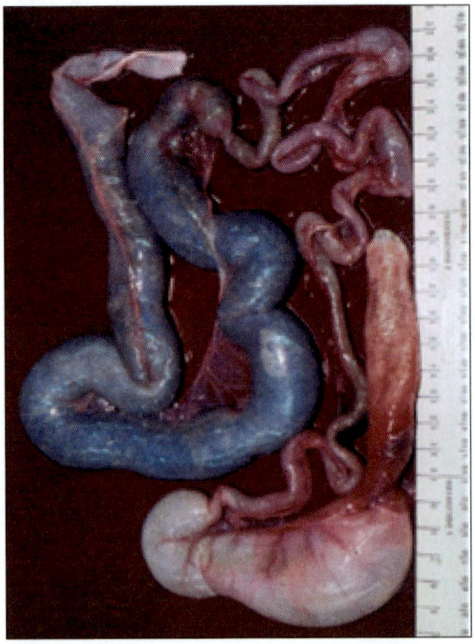

a

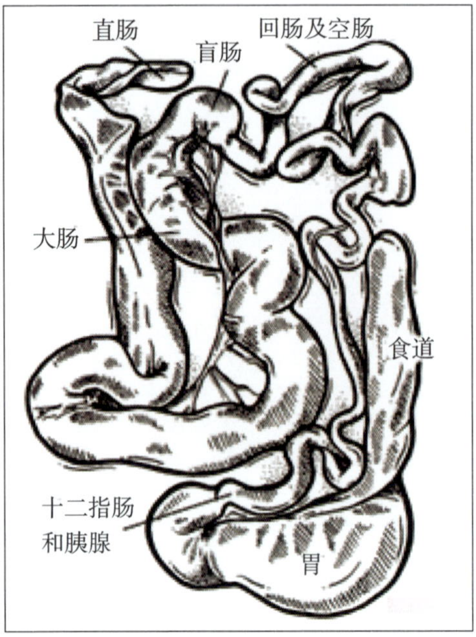

b

图7–12　已切除肝、脾、肠系膜及泄殖腔的玳瑁的肠管

消化道包括食管、胃、小肠及大肠，彼此间容易区别。

一旦确定食管的位置，在近口腔处用细绳或橡皮筋结扎以免滑脱，然后从口腔切断，移出肠管以便检查。用钝性剥离法将食管、胃与气管及肝脏分开。胃附着在肝左叶腹面和左肺背面。为了切除胃，且使得肝脏和左肺完整无损，这些连接必须切断或小心破坏。

继续撕扯或破坏**肠系膜**（悬挂、支持器官的扁平组织）及血管，移出肠管。小心别割破胃或肠，胃与小肠相接处是**幽门括约肌**，它是一种厚的括约肌或瓣膜。过了幽门括约肌，在十二指肠（图7–12）远端会看到胰腺，经过**胆总管**（到胆囊的一个短连接，胆囊位于肝右叶下）。**胰腺**是一种平滑、常有光泽（粉红色至桃红色，除海龟已腐烂外）的腺体，来自胆囊的胆总管可由绿色的胆汁污染来辨认。在胰腺远端附近可以找到**脾脏**，脾近似圆形到椭圆形，暗红色且高度血管化（“循环系统解剖”，图10–32；“胃肠系统解剖”，图12–1）。

肠子很长，必须从高度血管化、扇形的肠系膜上剪下来。肠的后端是**结肠**（属于大肠），以肌肉质的**直肠**结束（图7–12）。直肠常有着色，它进入**泄殖腔**，一个接收尿、卵子或精子的腔室。在完全切断直肠前，用细绳或橡皮筋结扎好。

在解剖学上，**膀胱**（稍后讨论）位于直肠腹面，悬挂在骨盆中线上。它也连通着泄殖腔。

在解开肠管检查内容物及内层前，将之分为三段或更多段结扎，以便描述各部分时能找到界标。借助部分结扎，可以切断肠管而没有内容物溢出。肠内层的大体外观不会总是允许你描述一个结构、组织或内容物的位置，因此，事先设定界标很有用。切开肠子时，要准备好托盘或碗器盛装内容物。

如果尚未解除**肝**与肠的联系，现在就小心地把从它到肺和腹膜的连接切除。密度大的肝脏由两叶组成，二者之间有一个大小不同的连接（图7–9）。右叶通常较大，在其后表面，容纳一个圆形的**胆囊**。胆囊常为暗绿色，可能是饱满和凸圆的，或者崩塌和凹陷的（排空时）。

移除肠子后，很容易看到肺和性腺（图7-13）的后缘。

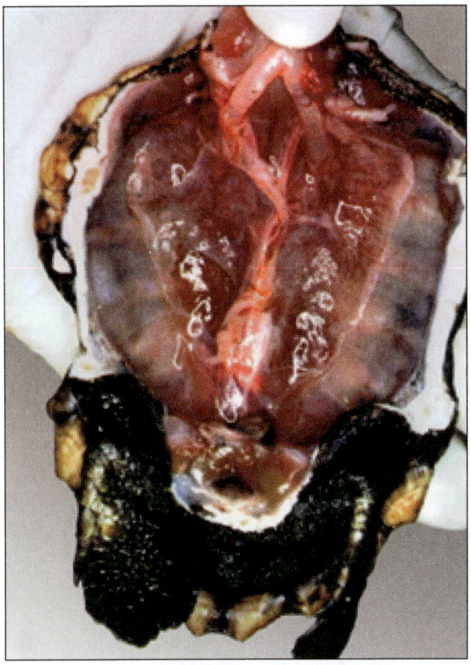

a

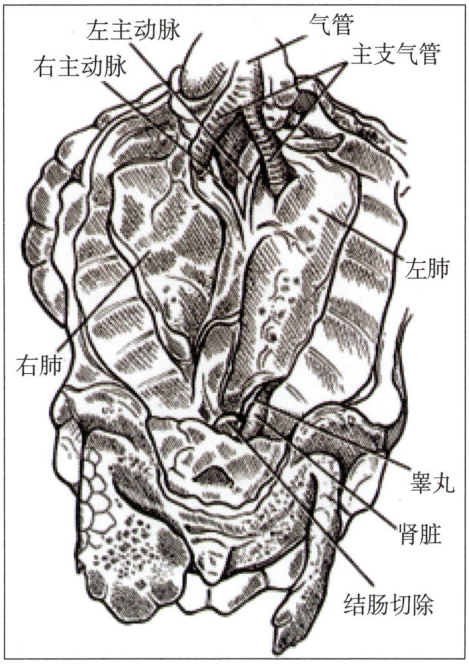

b

图7-13 肺与背甲相接触

循着气管向后至两个支气管，就可见到肺。肺延长至背甲的大部分长度。性腺发现于肺的底部。该动物显示了睾丸。

8. 性腺

性腺附着在腹膜壁上、肺的后方，在解剖学上位于肾脏的腹面位置。

海龟成熟的和正在成熟的**卵巢**中有许多直径为2 mm～2 cm的黄色、圆形的卵泡；不成熟的卵巢较紧密、平坦而狭长，外形为纺锭状的（梭状的）。卵巢呈粉红色、颗粒状，**输卵管**运输卵泡，成熟时运输卵子至泄殖腔，输卵管在卵巢外侧但不与卵巢相连，每条输卵管由泄殖腔向前延伸至身体的2/3长。成熟的海龟，卵巢外形似手风琴；不成熟的海龟，卵巢只是一条简单而平坦的管子。稚龟卵巢非常狭窄，而后随着年龄增长逐渐变宽（“泌尿生殖系统解剖”，图16-2～图16-7）。

睾丸呈黄色或黄褐色，平滑的梭状，背面贴着体腔壁。位于睾丸侧面的**输精管**是卷曲的管子，运输精子到泄殖腔，有繁殖能力的雄海龟，睾丸和输精管都会增大。性别不确定的幼龟，卷曲的输精管是一个重要的暗示（见“泌尿生殖系统解剖”，图16-3、图16-4）。

9. 肺

肺位于背侧，附着在背甲和脊柱上（图7-13）。某些种类（例如肯普氏丽龟和蠵龟）的肺比其他种类更加紧贴着脊柱。可以在体内检查肺或者将之移出。移除肺时，切除其外界的连接，小心不要伤及肺组织。肺的内侧边缘紧紧地贴附在每一侧的脊柱上。有时候，在破坏肺与脊椎之间的纤维连接前，最好先将气管与周围结缔组织分开。

气管再分支进入两个支气管。每个支气管进入一个肺，并以大量的入口进入肺。每个支气管延伸几乎到肺的末端。肺呈海绵状，高弹性。

10. 膀胱和肾脏

膀胱悬吊在骨盆背面中线上（图7-14）。它位于直肠与前骨盆（耻骨）之间。膀胱开口于泄殖腔且与肾脏没有联系。尿液从肾脏流出，经输尿管到泄殖腔。尿液从泄殖腔再进入膀胱（“泌尿生殖系统解剖”，图16-1）。

肾脏位于肺后方。它们在腹膜后方，意指其在紧靠背甲的腹膜内层下方。相对来说，肾脏在性腺深处，在肺的最后缘稍内侧位置。在腹膜上切个口将肾拉出，红色、有小裂片的肾脏及其大量的动静脉系统就会暴露出来。常难以发现的输尿管，自肾脏伸出到泄殖腔。

在每个肾脏的前端，极靠近脊柱处，有个细长的肾上腺。肾上腺常呈黄色或橙色。除了视觉，肾上腺常可通过触觉来定位（“腺体”，图13-15）。

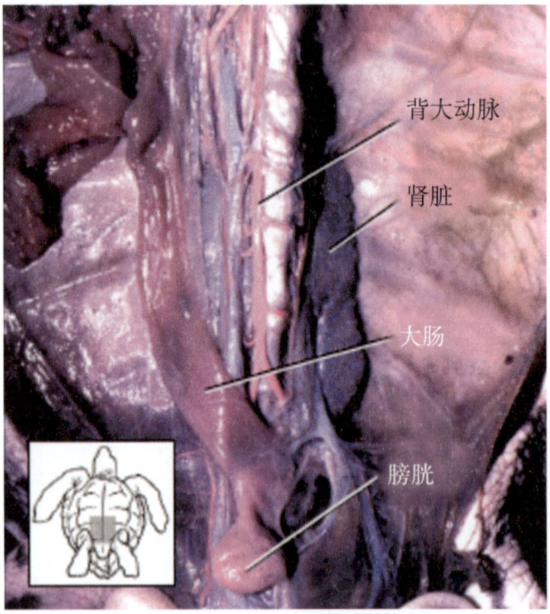

图7-14　年幼棱皮龟的肾

其血循环从静脉注入单独的动脉。膀胱见于中线，一侧是瘪陷的大肠。背大动脉沿着脊柱并发出许多分支。

11. 脑

在靠近颅骨底部切下头来检查脑。用老虎钳将颅骨固定或将之小心绑定在防滑表面。棱皮龟的脑及神经束从前向后有一系列的背腹性反转。单个切口不能很好地暴露该保护性结构。对海龟科，在没有专业锯时，一个暴露龟脑最容易的方法是：从口鼻部顶端开一个直口，继续沿着眼眶顶内部，直到头部后端（图7-15）。头盖骨一旦移开，就能看到小小的脑（图7-16）及其（从前至后）到鼻子的嗅束、视叶、大脑半球和小脑（见“神经系统”，图

14-1、图14-2)。有时候，纤维性覆盖层、硬脑膜仍覆盖在脑上，这个可切除。

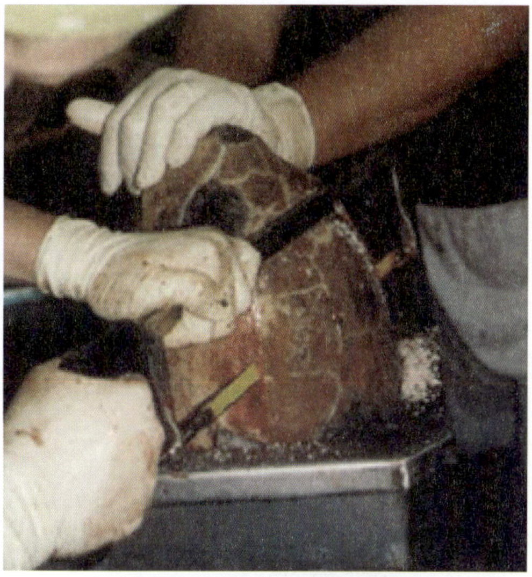

图7-15　切割以暴露海龟脑

从吻端经眼眶顶部向后至上枕骨突中间，平行颅骨长轴纵切，以暴露脑。

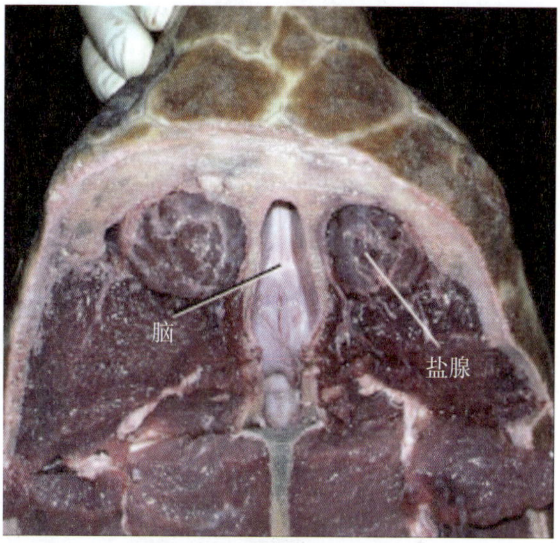

图7-16　暴露海龟的脑

顺着中线是白色细长的脑。大体上可见嗅束。嗅球、大脑半球及视叶为硬脑膜覆盖；暴露大脑的末端是单个圆形结构的小脑。如去除脑，可见侧面及腹面的脑神经和脑垂体。眼背后两个圆形分叶的结构是盐腺。其余深色的组织是肌肉。

八、骨骼解剖 Skeletal Anatomy

骨骼由硬骨和软骨组成。骨骼通常分为3部分：头骨、中轴骨骼和四肢骨骼（图8-1～图8-3）。海龟的每一个骨群都是由这几个部分组成的。头骨包含脑壳、颌和舌器（图8-4、图8-5）。中轴骨骼由龟背壳、脊椎骨、肋骨及肋骨的衍生物组成。腹甲（图8-2）由中轴和附肢骨骼的衍生物（腹部的肋骨和肩带）组成。四肢骨骼包括前鳍状肢、后肢以及它们的支撑结构（肩带和腰带）。

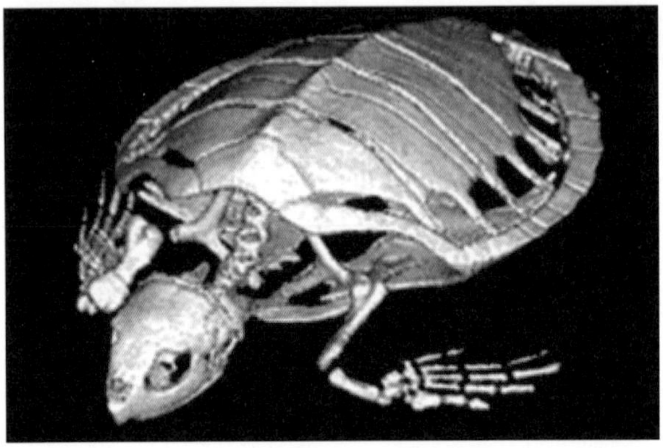

图8-1 未成熟的太平洋丽龟骨骼CT扫描

显示三部分骨骼的CT扫描：头骨、中轴骨骼、四肢骨骼及骨骼的空间关系。软骨（在许多骨头的末尾）在这种成像技术中是不能显示的，其使骨骼连接显得很松散。前肢的安排是这样的：肩关节在壳内。肘部屈曲，前臂因而从前外侧的位置移动到内侧的位置。

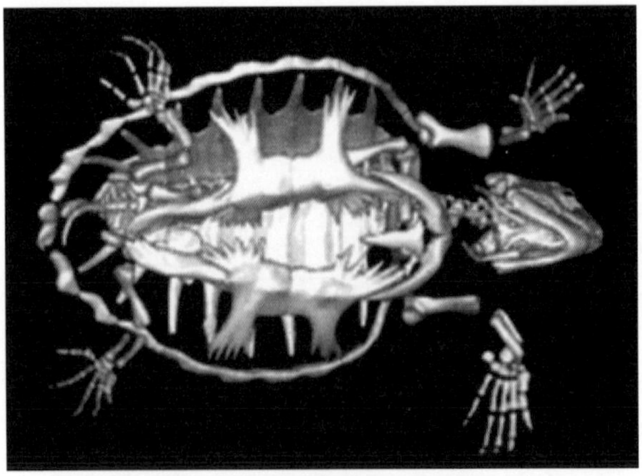

图8-2 未成熟海龟的腹板骨

在未成熟海龟中，独特的腹板骨没有融合。侧腹板突起与外围骨骼之间没有关节。在制作骨骼过程中常丢失的舌器（舌骨体及舌突），可见于咽喉区。

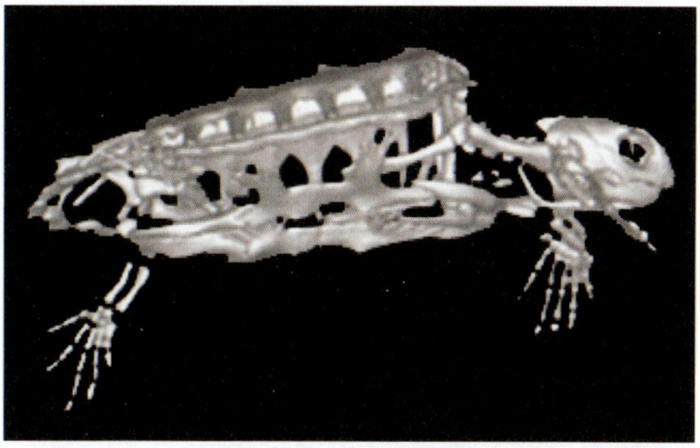

图8-3　未成熟蠵龟侧面观

舌突清晰可见，穿过颅骨的后腹面。注意眼眶包含一个支持眼球的骨环(巩膜小骨)。

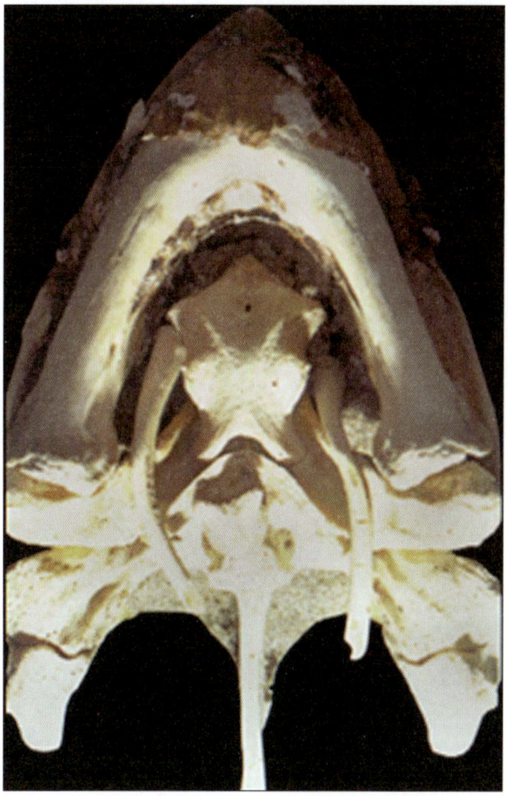

a

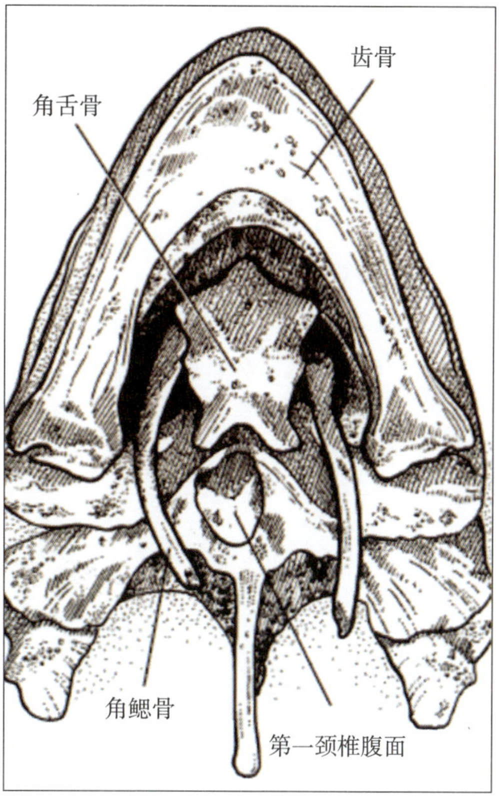

b

图8-4　蠵龟头骨腹面观

显示部分为角舌骨或舌骨体及舌器成对的舌骨突(软骨部分已丢失)。活体时舌骨悬在下颌后方，舌器支撑舌和声门，并为喉肌提供附着点。部分寰椎(第一颈椎腹面)搁在舌器后方的枕骨上。

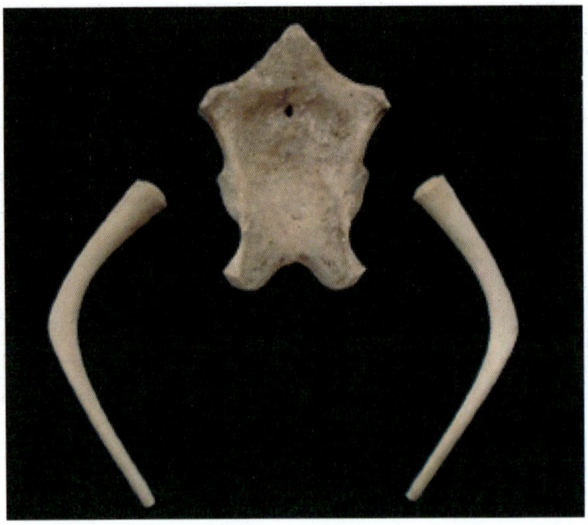

图8-5　舌器

舌骨体的凹面支撑着声门，喉肌附着在舌骨突（角鳃骨），软骨突已丢失。

海龟脊椎：颈椎7、胸椎10、骶椎2～3块、尾椎≥12块。

像所有龟类一样，海龟有7块可动的颈椎（第8块与背甲融合，图8-6、图8-7）和10块胸椎。还有2～3块骶椎及多于12块的尾椎（图8-8、图8-9）。雌龟的尾椎短而小；成年雄性的尾椎粗而大，且有背、侧突（图8-8）。每个胸椎左右两面与一对肋骨相关联，每个肋骨头对准两个椎体交界处（每个肋骨头与两个椎骨体相交合，图8-10）。椎骨、肋骨与真皮融合成独特的背甲骨。背侧的椎骨与脊柱相连，肋骨和真皮骨的扩展形成胸膜骨，外围骨形成背甲的边缘（缘板，图8-11、图8-12）。最前面的是颈板，最后面的是臀板，在最后一块背板与臀板之间的是上臀板（龟），其没有与椎骨融合（图8-11、图8-12）。骶椎的侧突不与背甲融合（图8-8）。

a

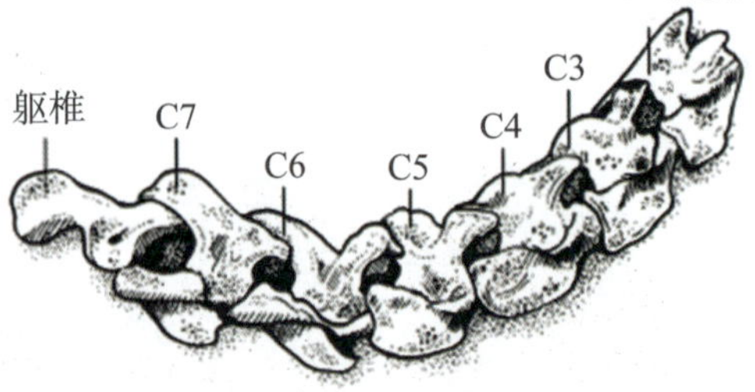

b

图8-6　成年绿海龟颈椎侧面观

每块椎骨由腹部椎体和背面椎弓组成。寰椎C1（已丢失）向后与枢椎C2连接，寰椎向前与头骨后的枕骨髁相关联。第7颈椎骨（C7）关节融合到背甲上，第一躯干椎骨可动，与C7关节融合。

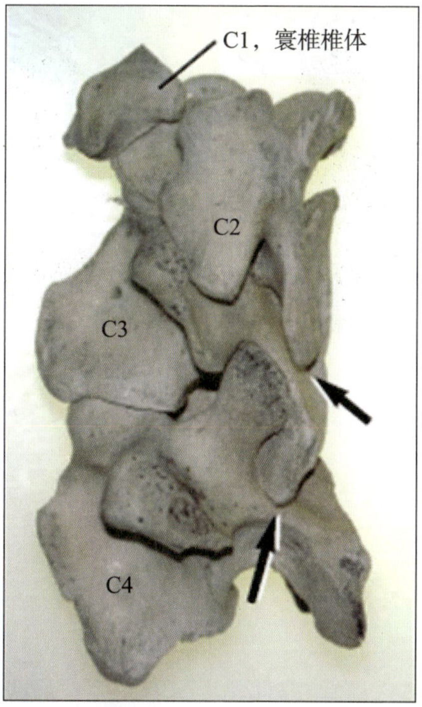

图8–7　寰椎（C1）和枢椎（C2）的复合体以及C3、C4的侧面观

右方是背侧。连续的颈椎接合通过滑动关节（箭头处）构成的椎弓使得颈部能够背腹弯曲，但不能左右扭转。每块椎骨都由单独的背腹元件组成。

a

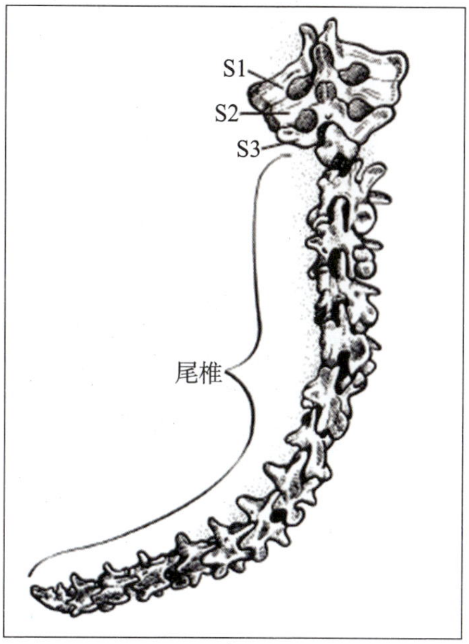

b

图8–8　成年雄性绿海龟的骶椎和尾椎

大的背腹突是性成熟雄龟卷缠尾肌肉的附着点。S：骶骨。骶椎侧面扩展形成肋状突起，并与髂骨关联。

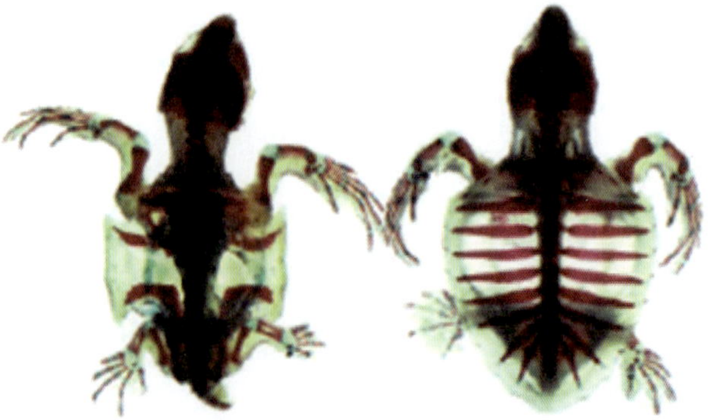

图8-9　透明及染色的蠵龟稚龟

左：移除背甲（背面观）显示椎区及稚龟骨化水平；右：背面观显示肋骨、椎骨及背甲发育过程中，最初的真皮骨沿肋骨过度生长的情况。标本的腹甲已去掉。

在海龟属稚龟和棱皮龟属，背甲由肋骨和椎骨组成。在海龟属成体，龟壳逐渐地硬骨化，肋骨间的真皮骨过度向外生长形成背甲（图8-9、图8-11、图8-12）。在红海龟、玳瑁和绿海龟，肋骨向侧面生长与缘板相遇（在缘盾的下方）。在肯普氏丽龟，缘板也是随着年龄变宽变长。肋骨与背甲之间的空隙，即肋缘窗（囟门）紧贴盾片，两者之间有一层膜。在一些成年的丽龟和红海龟，肋缘窗由骨完全闭合，但在绿海龟和玳瑁的背板后侧面，仍保留有肋缘窗（图8-12）。

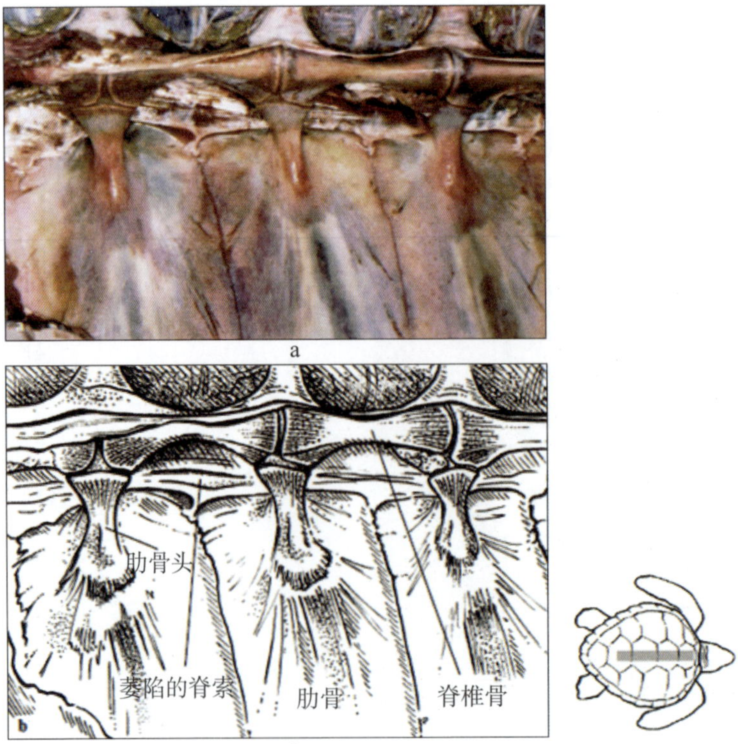

b

图8-10　背甲腹面观

背甲腹面观显示肋骨及椎骨体的排列。椎弓已与背甲的椎骨合为一体（看不见）。脊索行走在形成于背侧椎骨和腹面椎体之间的空隙。

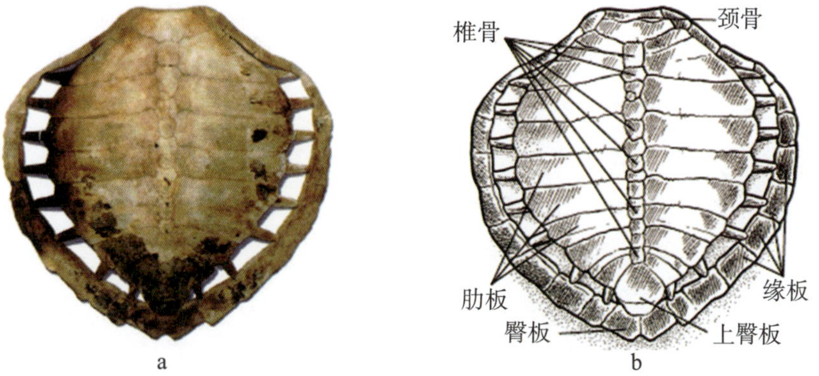

图8-11　肯普氏丽龟背甲的骨骼（背面观）排列识别

一些种类有多余的椎骨属正常现象。

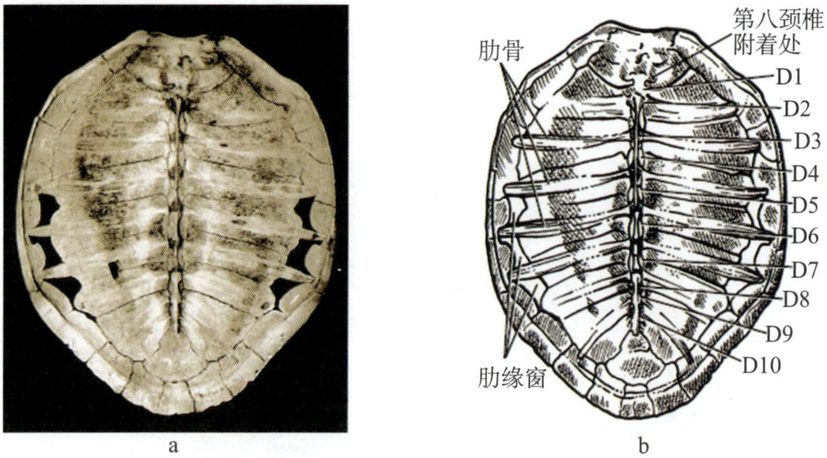

图8-12　玳瑁背甲腹面观

图片显示椎体、肋骨及窗孔。前面的肋骨与周围骨骼已融合。D：胸椎骨。

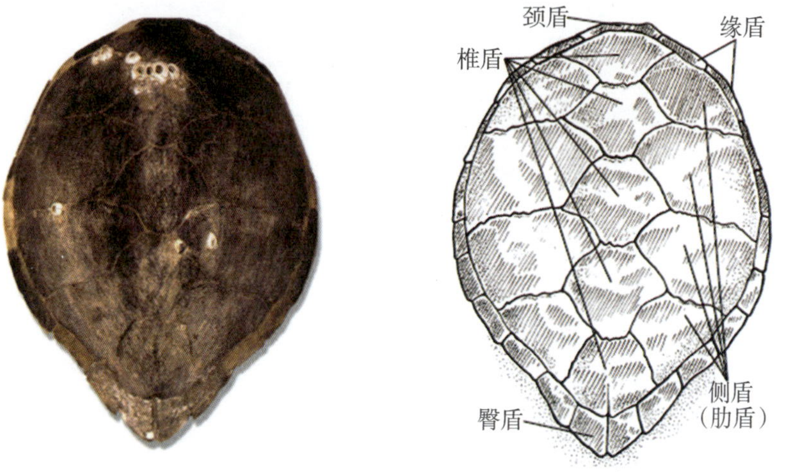

图8-13　海龟的盾片

盾片是长在背甲骨骼上方的角质化表皮结构。盾片的生长有两种方式：增大面积和增加厚度。

甲壳由覆盖角质的盾片(海龟科，图8–13)或脂肪与皮革组成(棱皮龟属，图8–14)。海龟科的盾片与骨板缝并不一致(图8–15)。在棱皮龟，脂肪覆盖在肋骨及椎骨上，其背面覆盖有蜡质的皮肤，内含真皮小骨(图8–14)。

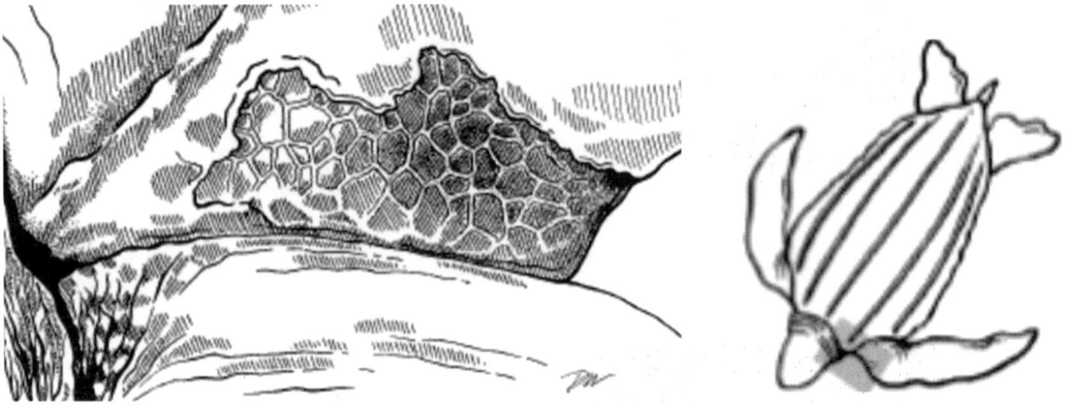

图8–14　棱皮龟背甲的真皮小骨(深藏在皮下的骨板)

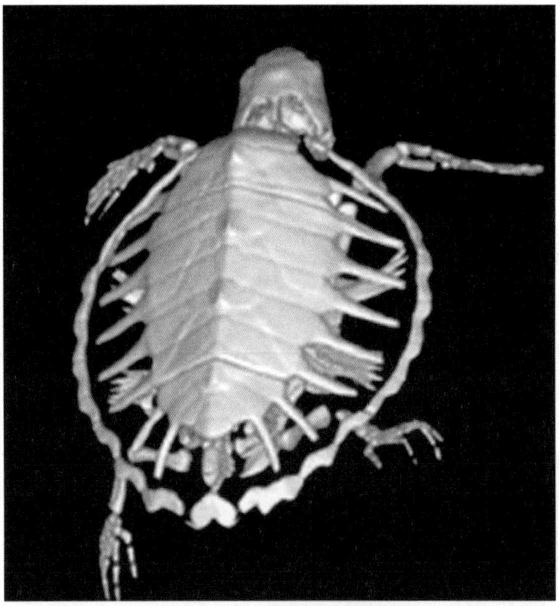

图8–15　未成熟的蠵龟骨骼

显示真皮骨形成的甲壳。肋骨与周边骨骼间的空隙是肋缘窗(囟门)。该盾片图案几乎看不到，但在缺乏与骨缝线对齐的情况下仍有暗示。

海龟科的腹板由4对骨(从前到后依次是：上板、舌板、下板及剑板)和1个不成对的骨(内板，图8–16)组成。内板的形状往往作为鉴定种的关键特征(图8–17)。

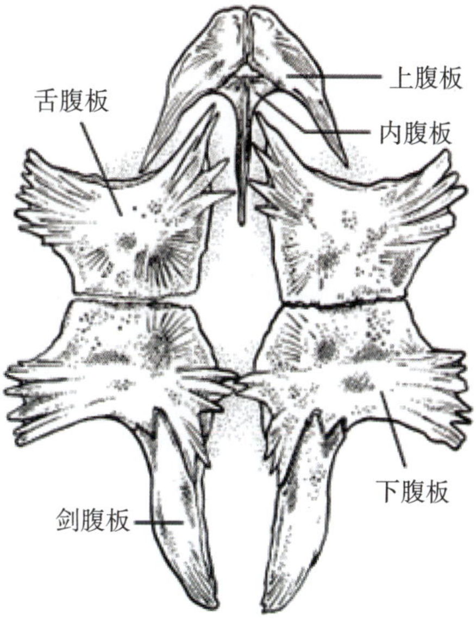

图8–16　海龟腹板

腹板由9块骨板组成，骨板在稚龟中各自分离，但在年龄大的个体中相互融合。

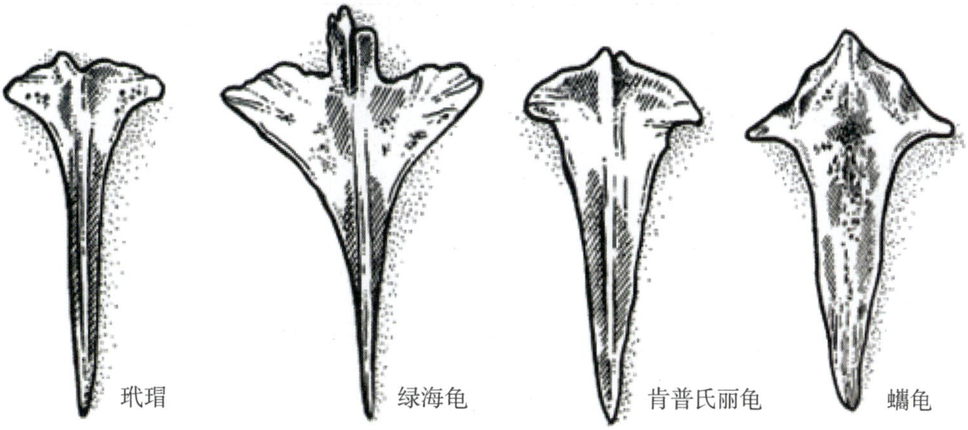

图8–17　不同形状的内腹板

内腹板的不同形状可作为海龟科几个种区别的关键特征。玳瑁和绿海龟的内腹板柄长而窄。玳瑁的内腹板大体呈“T”形，柄突然变窄；绿海龟的是箭头形，前面宽、柄逐渐变窄；肯普氏丽龟和蠵龟，柄宽。肯普氏丽龟的内腹板大体上似匕首，柄逐渐变窄；蠵龟的内腹板呈“十”字形，侧突明显，柄的后半部分逐渐变细。内腹板的形状在个体发育中有变化，因此，上述特征只适用于成体。

棱皮龟背甲的肋骨没有过度生长。骨质的背甲仅仅保留颈骨、肋骨及脊椎骨扩大的痕迹。在腹面，腹甲骨骼退化，没有内腹甲。前面的附属骨骼包括鳍状肢和肩带骨。肩带由肩胛骨、肩峰突和喙突组成，这些骨骼形成向三方辐射的结构(图8–18)。

肩胛骨呈背腹排列，且在第一胸椎处与背甲相连。在腹外侧，肩胛骨一部分形成肩关节，即肩臼（图8-18）。肩峰突从每一肩胛骨伸向中间，通过韧带与内板相关联。喙突构成肩臼的其余部分，然后向中后延伸，其末端是新月形的乌喙软骨。肩峰—乌喙骨韧带从肩峰延伸至乌喙骨（亦称喙状骨或喙突），鳍状肢大多数的收缩肌和外展肌附着在喙突和韧带上。

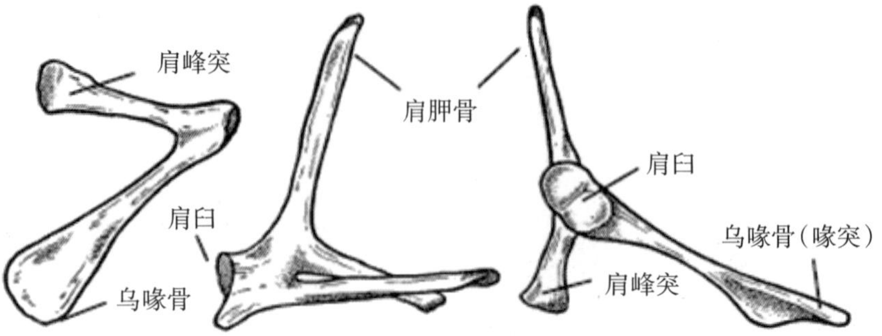

图8-18　肩峰突、喙突和肩关节

肩带由2块骨及游泳肌肉的主要附着点3个部分组成，从左到右：腹面、后面及前面观。肩峰突从肩胛骨的腹侧部分向内侧延伸。喙突是腹部的一块骨骼，末端平而宽。肩关节（肩臼）由喙突和肩胛骨组成。

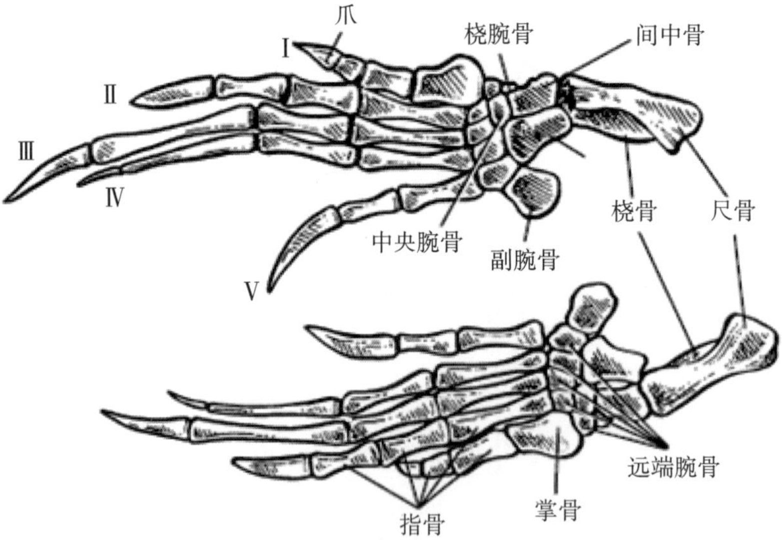

图8-19　前肢的骨骼（左、右前肢）背面观

前肢由肱骨、桡骨及尺骨、腕骨、掌骨和5个指骨组成（图8-19～图8-22）。腕关节的变宽、变平及指骨的延长构成了扁平的鳍状肢（图8-19）。在肩臼处与肩相关联的肱骨呈扁平形，其支头与骨轴成20度（图8-20）。那儿有一个大的骨质的内侧突，伸向肱骨头后面，是前肢外展肌和伸肌的附着点（图8-20）。内侧突的远端、与之相对应的是侧突，或肱骨三角形隆起，前肢牵引肌附着其上（图8-20～图8-22）。在棱皮龟属，肱骨极端扁平，主要由多孔的骨质骨（骨松质）、相对小的皮质薄片状的骨（骨密质）和表面富含血管的软骨组成（图8-23、图8-24）。在制作好的骨骼中，软骨经常丢失。软骨富含血管是软骨小骨形成的象征（图8-23）。海龟属的骨骼与此不同：骨骼是由较厚的骨板沉积形成的，骨密质包围着多孔的骨松质（图8-24）。

鳍状肢（图8-19）由腕关节（桡腕骨、尺腕骨、中央腕骨、副腕骨及远端腕骨）和延长的掌骨及指骨（图8-19、图8-21、图8-22）组成。海龟的桡骨、尺骨较短，到了成年，由纤维状的连接组织功能性地融合。

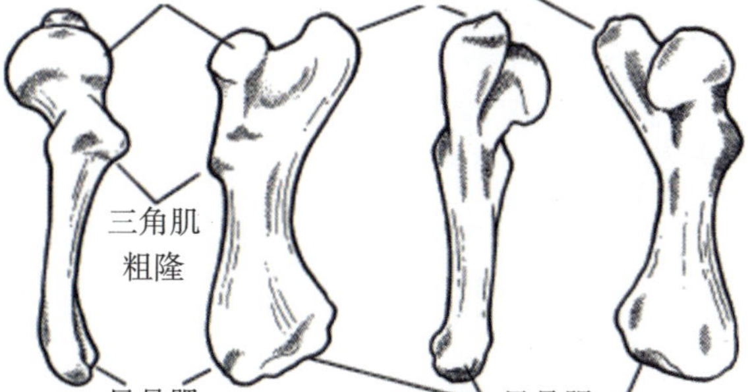

图8-20　海龟的肱骨

海龟科的肱骨形式特殊：有一瘦小的支头和增大的内侧突。内侧突、支头及侧突（三角肌粗隆）略呈“U”形。

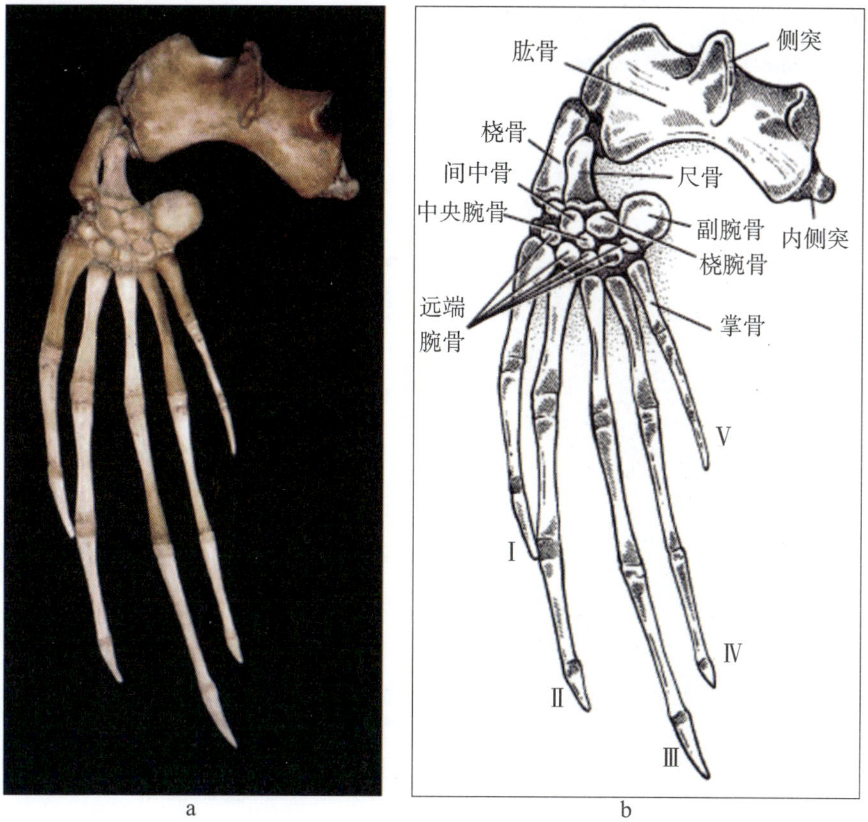

图8-21　棱皮龟的鳍状肢背面观

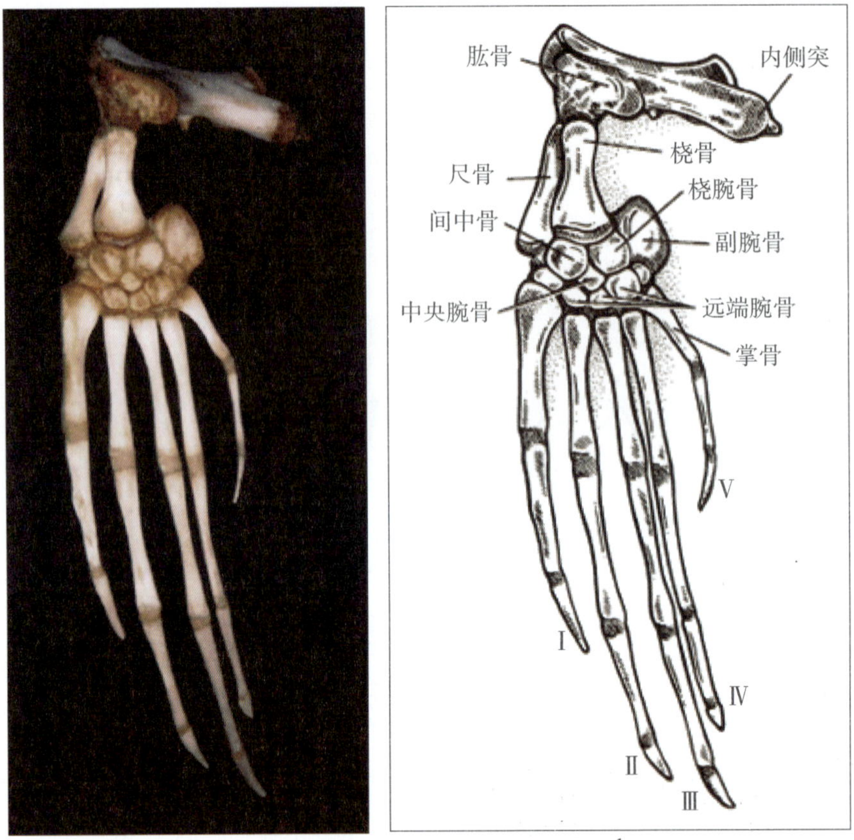

a　　　　　　　　b

图8-22　棱皮龟的鳍状肢腹面观

前肢关节显示骨端有大量的软骨和指极端伸长。大的肱骨有一个几乎像原始形态的平坦轮廓和伸出的内侧突。桡骨和尺骨关节头及末端有大量的软骨。

图8-23　软骨小骨构造

棱皮龟肱骨末端的切面上可见血管通路。

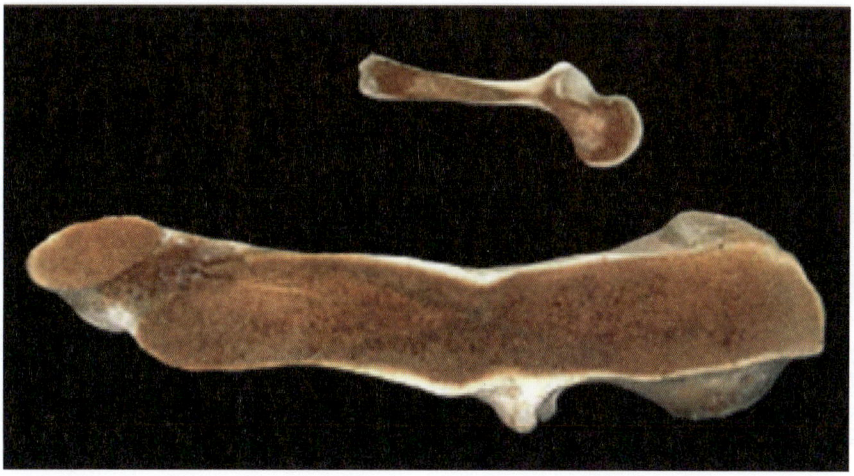

图8–24 肱骨纵切

蠵龟肱骨（上面）与棱皮龟的肱骨（下面）相比有相对多的板层骨（浅色）。在海龟科的有些种及种群中，板层骨层层沉积，而其他种则不明显。

骨盆由3对骨组成：耻骨、坐骨和髂骨。耻骨和坐骨构成骨盆的腹面部分（图8–25）。两个髂骨可确定背腹的方向，并与骶椎相关联，通过韧带将骨盆连接到背甲上。这3块骨在每一侧形成髋臼（髋骨窝）。在稚龟，这3块骨呈单独的骨状由软骨连接，长到大一些的海龟，这些骨骼很快骨化融合形成一个整体。然而，棱皮龟的骨盆骨终生保持由软骨联系（图8–26），当制成骨骼标本时，这些骨骼就散开了。

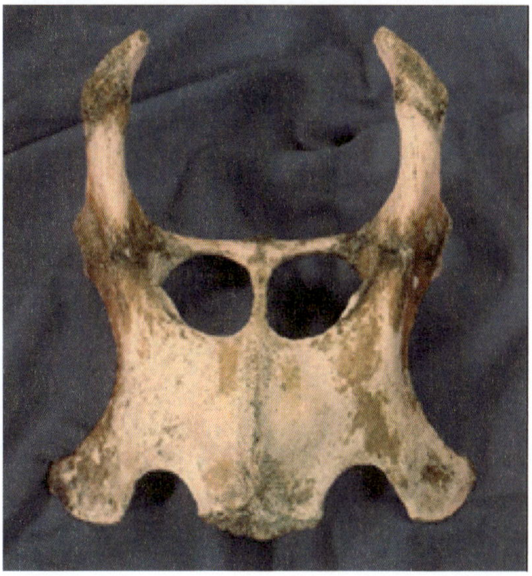

a

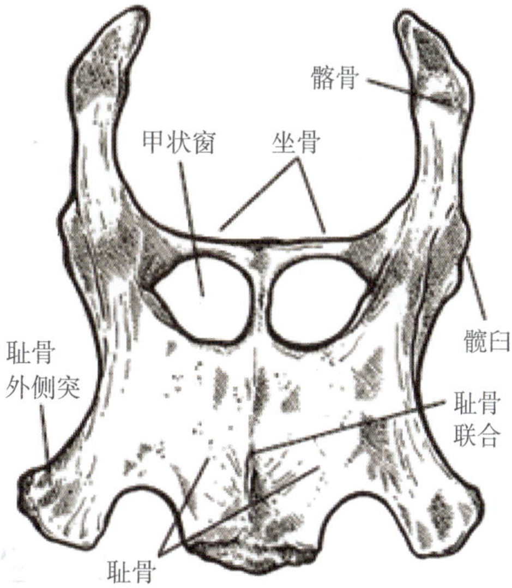

b

图8–25 蠵龟的骨盆背面观

该图显示了3块骨骼融合（耻骨、坐骨和髂骨）形成的每一边。活体中的耻骨外软骨（制备中丢失）形成骨盆前缘，髂骨与骶椎和背甲相关联（图下方为体前）。

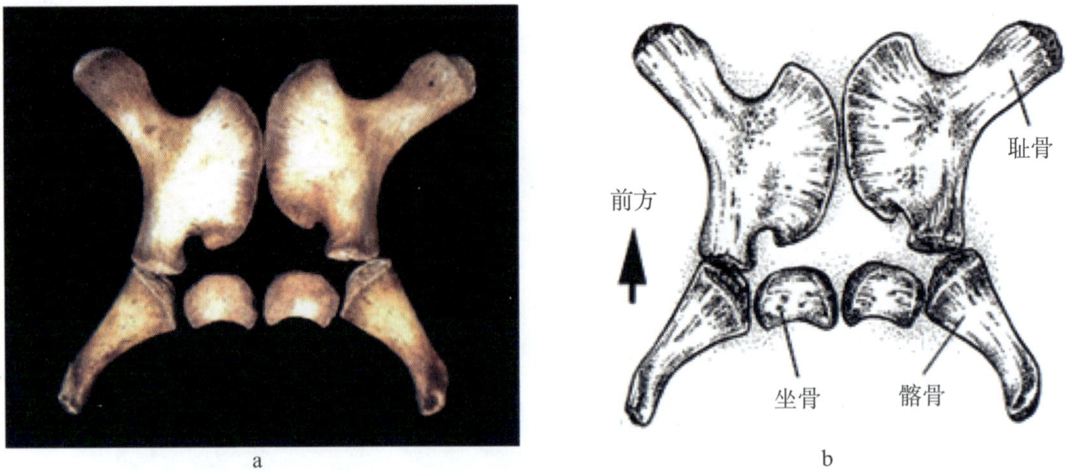

图8–26　棱皮龟的骨盆

棱皮龟的骨盆终生由骨及软骨组成。因此在骨盆制备时，3对骨骼不能保持它们的空间关系。（图顶端指向体前方）

后肢通过与髋臼相吻合的股骨头与骨盆相关联。股骨的骨轴较直，且有一个强壮的支头。股骨头两边有小转子和大转子（图8–27）；这些部位是大腿的大部分伸缩肌附着处。股骨远端与胫骨和腓骨相关联。短小的踝关节由跟骨、距骨及远端跗骨组成。有5个足趾，第一和第五足掌骨宽而平，所有趾骨扩展宽度增大了后肢末端的面积（图8–28、图8–29）。

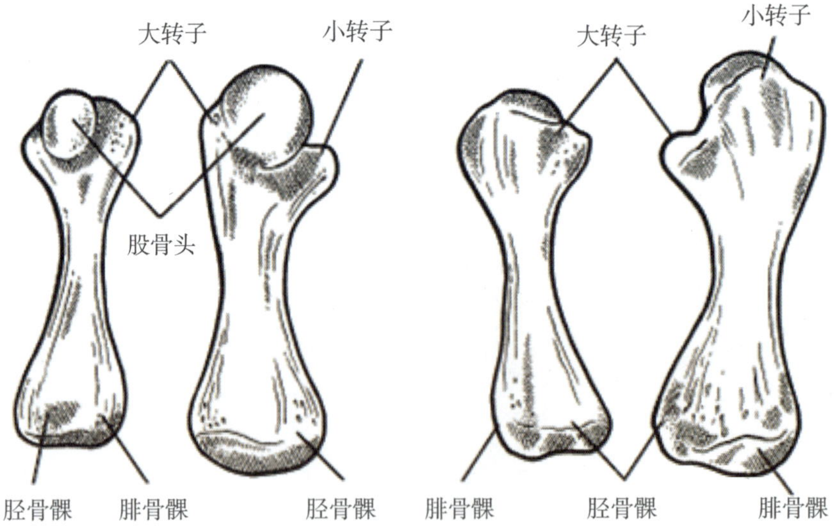

图8–27　股骨的前面观和后面观

左右股骨前面观（左：未成熟龟的），后面观（右：成熟龟的）。股骨有分支头，转子（粗隆）随着增龄更显著。

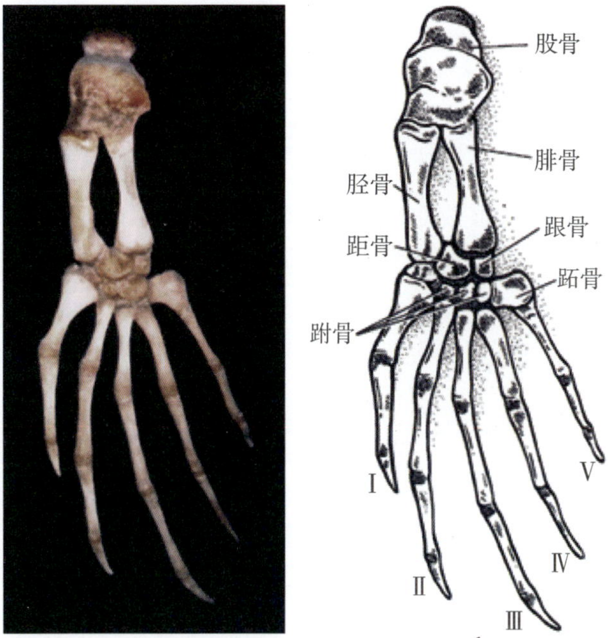

a　　　　b

图8-28　棱皮龟的后肢背面观

关节式连接的后肢显示骨间大量的软骨，这是棱皮龟骨骼的典型特征。后肢宽扁、趾稍细长。第Ⅰ趾在胫侧，第Ⅴ趾在腓侧。

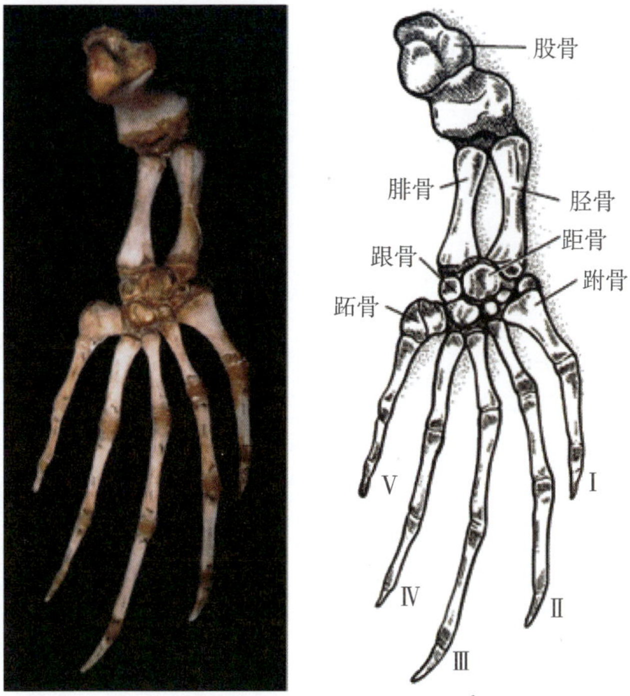

a　　　　b

图8-29　棱皮龟后肢的腹面观

股骨是大腿的骨元件，胫骨及腓骨是小腿的骨元件。骨端是软骨，足踝稍平、侧向扩张。这种构造有助于舵形后肢发挥作用。

九、肌肉解剖　Muscle Anatomy

肌肉是负责运动的结构，具有帮助改善其他肌肉的功能，并稳固关节。肌肉产生并插入肌腱。肌肉起源于它的固定点，同时它的移动点通常是插入点。肌肉通过肌腱附着到骨头、肌肉、皮肤或眼睛上。肌肉里的神经分布已有描述，为了便于读者阅读，对肌肉的名字前的M的指定已被省略。被论述的肌肉第一次出现时，其名字和关键概念用粗体给出。

肌肉的功能用图片描述。因为它们适用于海龟，这些功能如下：

flexion：屈曲，在一个支点处弯曲一个部位发生位移；**extension**：伸展、伸长、扩大，伸直部位；**protraction**：伸长、延长，移动一个部位（例如肢体）出来或向前；**retraction**：缩回、收回，移动部位进来或回来；**abduction**：外展（肌），从腹侧面移开部位；**adduction**：内转、内收作用，把部位收回腹侧面；**rotation**：旋转、转动一个结构；**depressor**：降肌，降肌打开（外展的一种特殊形式）一个结构，例如颌，而提肌（**levator**）关闭（一种内收作用）颌。

肌群：这儿描述的肌肉是指主要或大的肌肉（大多数肌肉的详细描述可见于原始文献）。为了方便，肌肉依区域分群：**中轴肌**，包括头肌；**腹面肌**，包括近身体中央的与腹甲关联的胸部肌肉和骨盆的肌肉；**前肢肌和呼吸肌**，是指那些发现于鳍状肢、背甲及肩胛骨处与前肢运动和呼吸有关的肌肉群；**后部肌群**，是指臀部、大腿及小腿处的大肌肉群。这里不详细讨论或阐述鳍状前肢和后肢的肌肉，因为它们由大量的结缔组织联结而模糊不清，甚至借助于特殊的解剖设备和技术，对于大多数人来说亦难以辨认。

腹面肌：移除腹甲后可见大量的腹面肌肉组织（图9-1）。这些肌肉组织由一种表层肌，即胸大肌控制，该肌起源于腹甲、嵌入肱部的外侧突和轴。在胸肌前、肩峰突腹面的两块肌肉是**三角肌**（腹面部分），它起自肩胛骨、肩峰的腹部和胸骨及喙骨上肌的前方，该肌有好几个分支。三角肌的前端起自肩峰（图9-2～图9-4），它和喙骨上肌的前部都插入肱骨的外侧。这3块腹面肌肉在游泳和呼吸时起作用（负责肩部和腹板的运动）。它们的神经支配是从臂神经丛的腹部经由喙上神经（“神经系统”，图14-18～图14-20）。

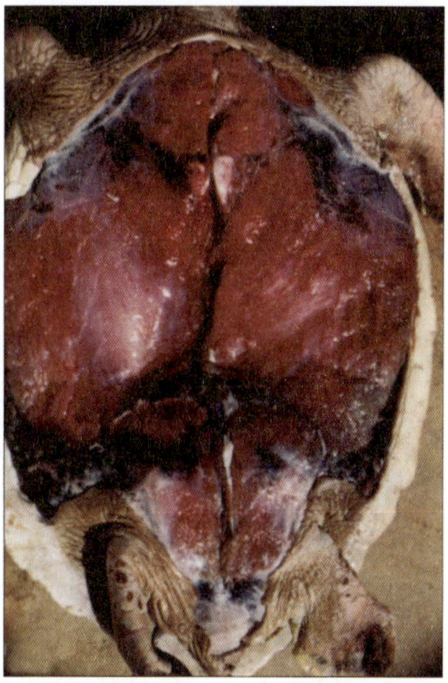

a

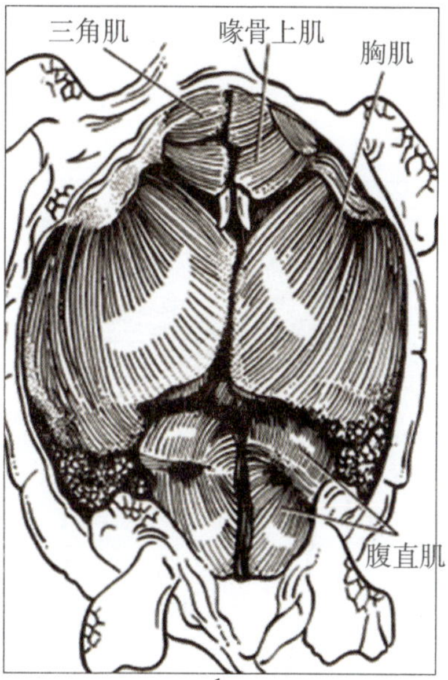

b

图9-1　肩带和腰带的浅腹肌肉

胸大肌是前肢的牵缩肌和内收肌，三角肌和喙骨上肌负责伸出及外展肱骨。腹直肌是骨盆的稳定器。体前方朝向图顶部。

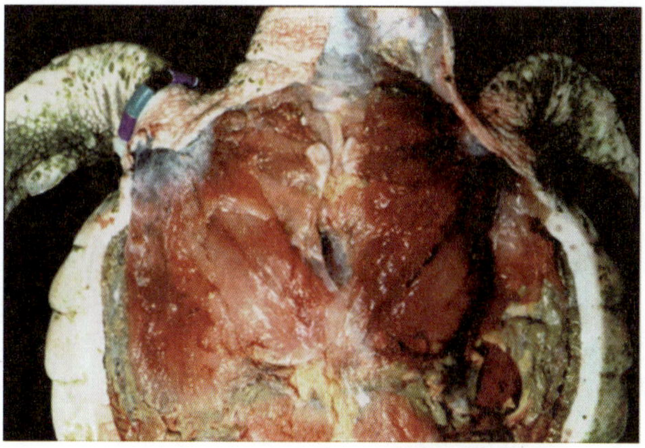

a

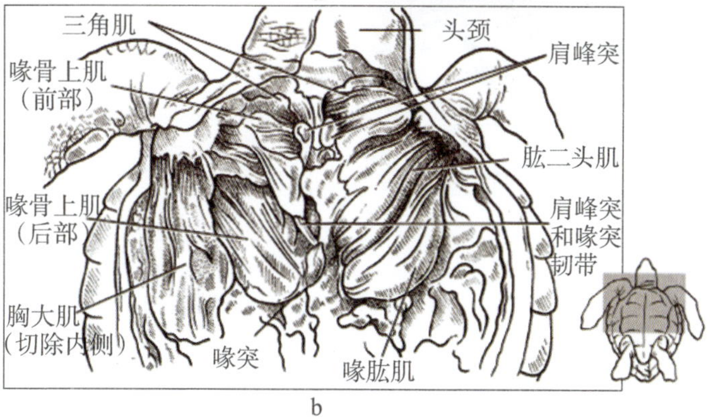

b

图9-2　切除胸大肌后暴露胸部深处的肌肉

这些前肢的收缩肌、分开在体左侧（图右侧）的是浅肱二头肌和喙肱肌，后部喙骨上肌负责内转和缩回前肢。

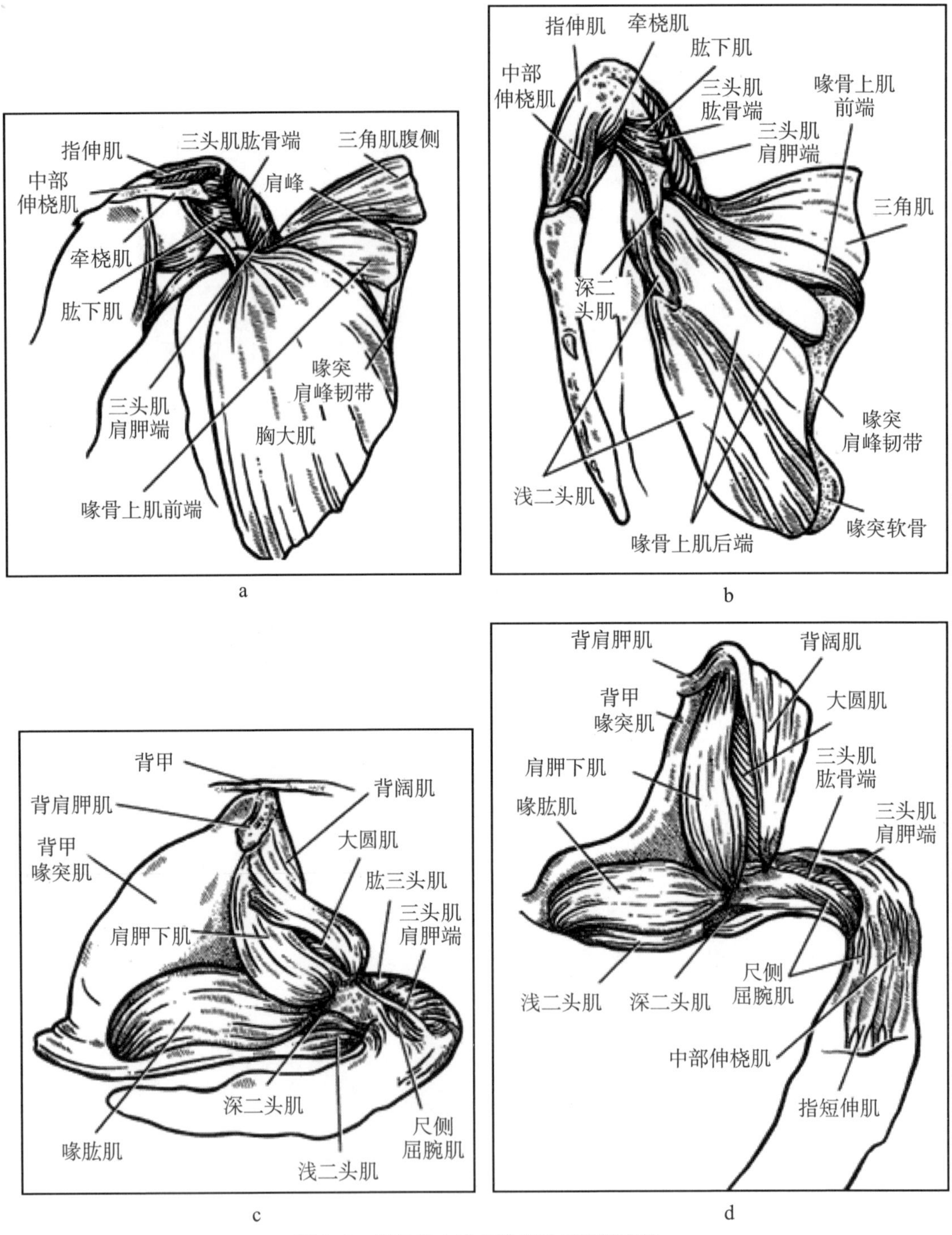

图9-3　海龟科右肩运动肌及呼吸肌图解

a：浅腹肌肉；b：深腹肌肉；c：外侧肌肉；d：后部肌肉。指伸肌、中部伸桡肌、牵桡肌和屈腕肌都控制鳍状前肢的屈伸运动。

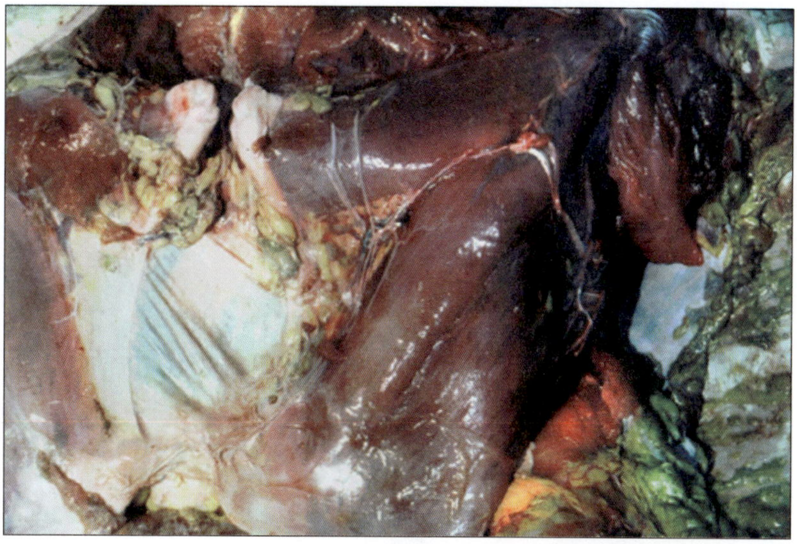

a

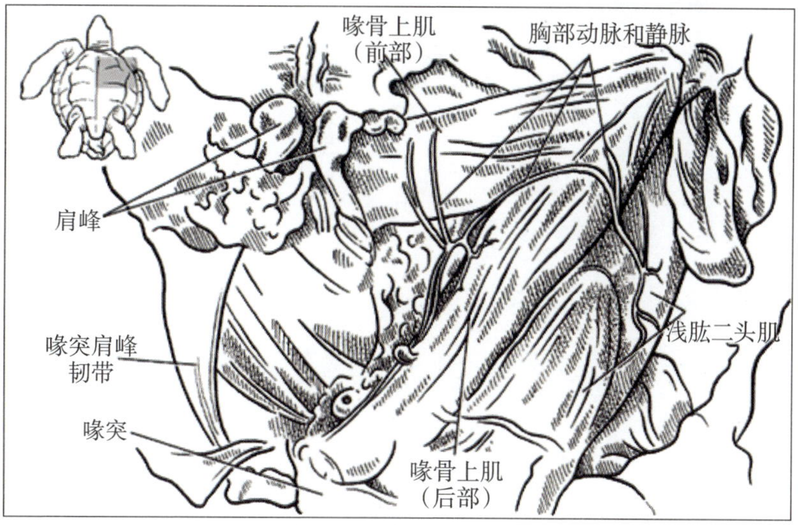

b

图9–4　体左侧深处胸部肌肉

喙骨上肌分两部：后部伸出前肢，前部缩回前肢。

移去胸大肌后，在深处可见到与肩带相关联的运动肌肉（图9–2～图9–4）。在海龟，肱二头肌有几个分支或头。浅表的肌头起源于喙突，延伸并通过一个长长的肌腱插入桡骨、尺骨；深的肌头插入肱骨和桡骨。神经支配经由下臂屈肌和正中神经。喙肱肌起源于喙状突背侧，并插入肱骨的中间突。喙骨上肌后部（图9–2）起源于喙状突及其软骨，并插入肱骨的外侧突。这些肌肉受上喙神经支配，在这些活动的肌肉内及肌肉间，有一个广泛的动静脉系统（图9–4）。

左右腹直肌是发现于腹部下方的一对浅表肌肉（图9–1）。每一块腹直肌都起源于同侧的耻骨并嵌入腹甲。它们的功能是稳固骨盆，并可能在呼吸时起到压缩腹甲的作用。

1. 前肢肌和呼吸肌

背阔肌或大圆肌复合体、肩胛下肌起源于背甲及（或）肩带，并插入肱骨近端（图9-3）。背阔肌和大圆肌共同起源于肩胛骨及与肩胛骨连接点的甲壳，沿着第一胸腔骨到其前周边骨头。它们通过共同的肌腱插入肱骨头的末端。三角肌的肩胛头从肩胛骨前方升起并嵌入肱骨的外侧突和轴杆。肩胛下肌较大，起源于肩胛骨内后侧，并嵌入大内侧突和肱骨干上，这些肌肉受到三角肌的神经支配（臂神经丛的一个分支）。

背部有两块板状的呼吸肌，在移除肩带时该肌肉经常遭受损毁（图9-3、图9-5）。这些是喙突背肌（起源于近前缘盾的背甲，嵌入乌喙骨背面）和肩胛背肌（起源于背阔肌后面的背甲，嵌入肩胛骨背面及其背甲附着处）。它们受到颈部脊髓神经的支配。

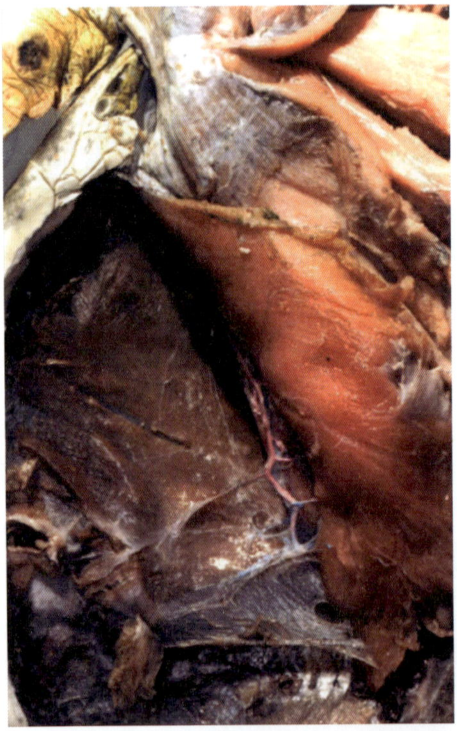

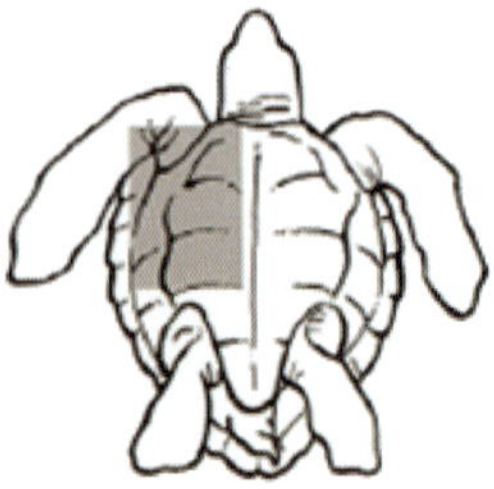

图9-5　含动静脉的胸肌腹侧

胸动脉沿肩部深处肌肉运行。属呼吸肌的肩胛背肌在胸肌深处，其他起源于喙突的胸肌折向内侧（图中向右侧）。

其余的背肩肌肉，肱三头肌（或浅肱三头肌）在海龟属有两个肌头（图9-3～图9-6）。肱部肌头起自肱骨，肩部肌头起自肩胛骨，二者会合形成一个共同的肌腱并插入尺骨近端。棱皮龟的肱三头肌只有一个肌头。三头肌受浅表桡神经支配（臂神经丛的浅表神经的一个分支）。

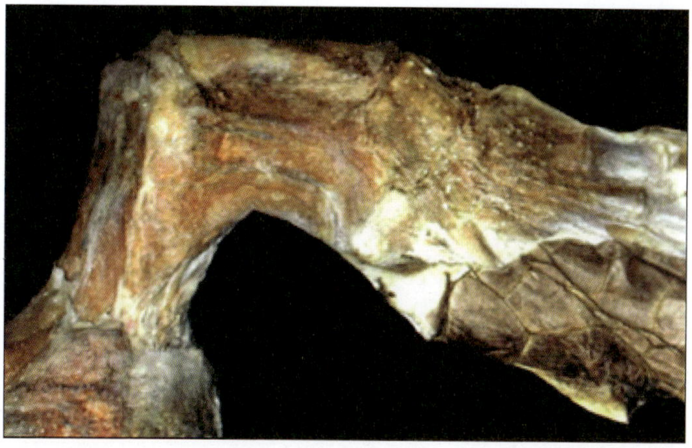

a

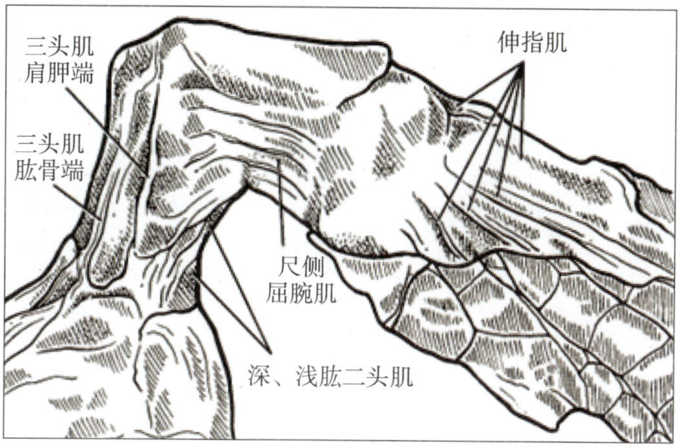

b

图9–6　右前肢背部表面肌肉

肱三头肌的两端（三头肌肩胛头和三头肌肱骨端）是扭转前肢的内收肌，更内侧的肱二头肌和尺侧屈腕肌弯曲鳍状肢。成年龟的纤维结缔组织使鳍状肢变硬后，伸指肌四散开，在幼龟可伸展手指，而成体则不太可能。

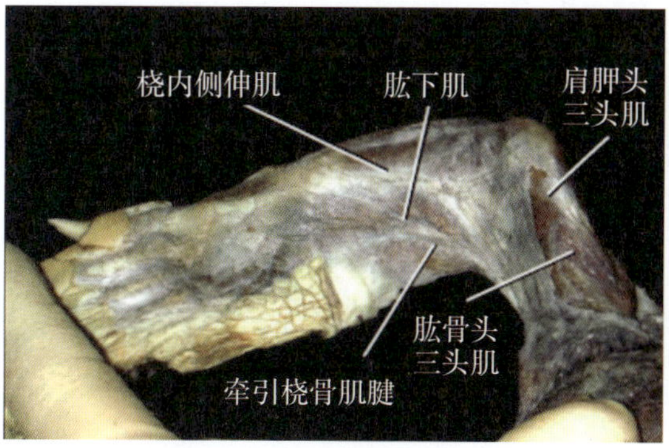

图9–7　右前肢腹面肌肉

大多数腹面肌肉弯曲鳍状肢时与上臂有关。伸桡肌伸展前肢，三头肌的肩胛端可沿轴线扭转鳍状肢，或使前臂外展。

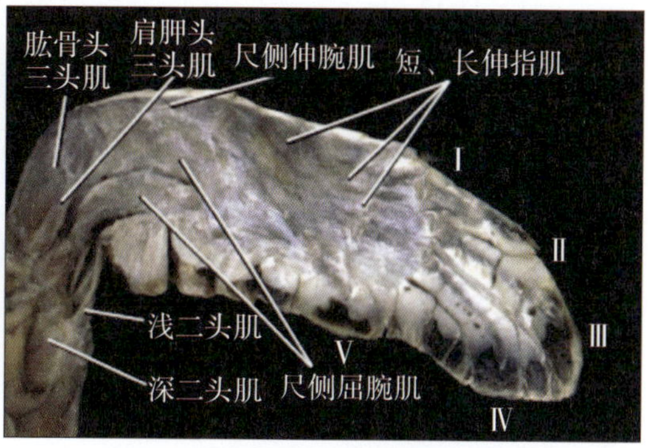

图9–8　未成熟的玳瑁前肢背面肌肉

幼体的前臂和鳍状肢划分比年老的更加明显，存在更少的结缔组织，手指在一定程度上可以屈伸。

二头肌可能有1～2个部分(图9-2、图9-4)。当有两个肌头时，浅二头肌起自喙突并插入手腕的豌豆骨。肌肉连续地有两个腹部，在中间有短肌腱连接。第二个即最显著的肌头，深二头肌，也是源自乌喙骨后方，但在浅二头肌的腹面，并通过肌腱嵌入尺骨上的肱肌(图9-4)。在棱皮龟属和丽龟属，通常仅有一个肌头嵌入桡骨、尺骨。

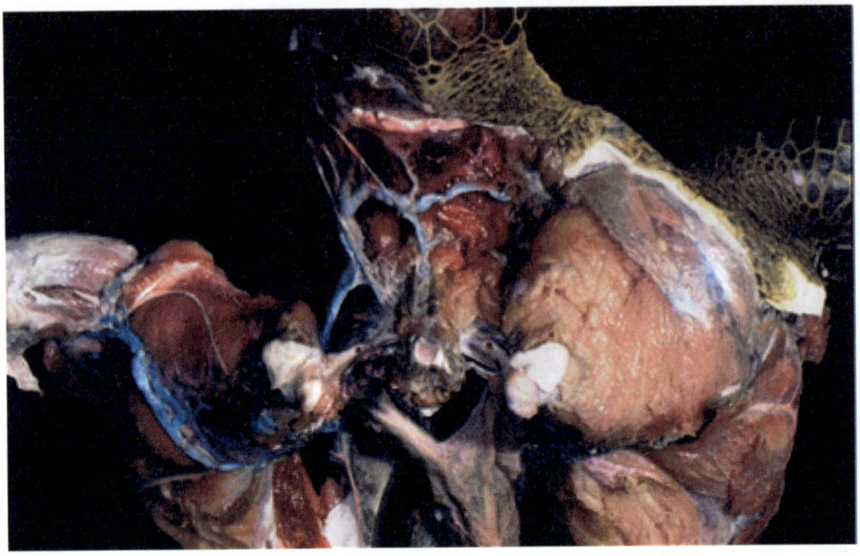

a

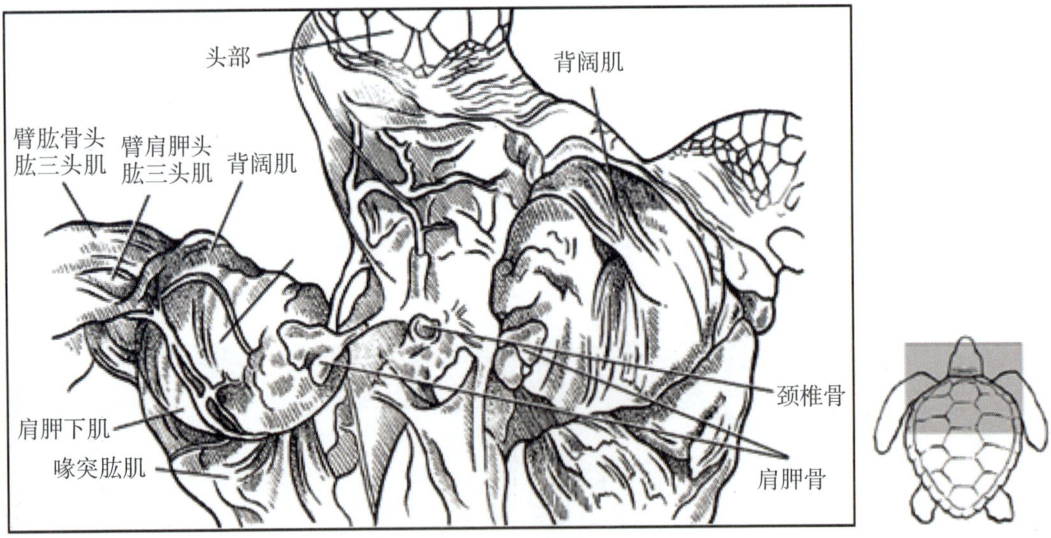

b

图9-9 胸部肌肉组织的背面观

背甲、皮肤及脂肪已去掉。头部切除了颈椎，肩胛骨末端提供定向的界标。背阔肌板状，右侧完好、左侧切除。背阔肌加上大圆肌和三角肌(肩胛端未显示)使前肢外展，有时前伸前肢。大的肩胛下肌是强壮的前肢伸肌，腹侧的喙肱肌从肩后伸出，到其起源处的喙突。

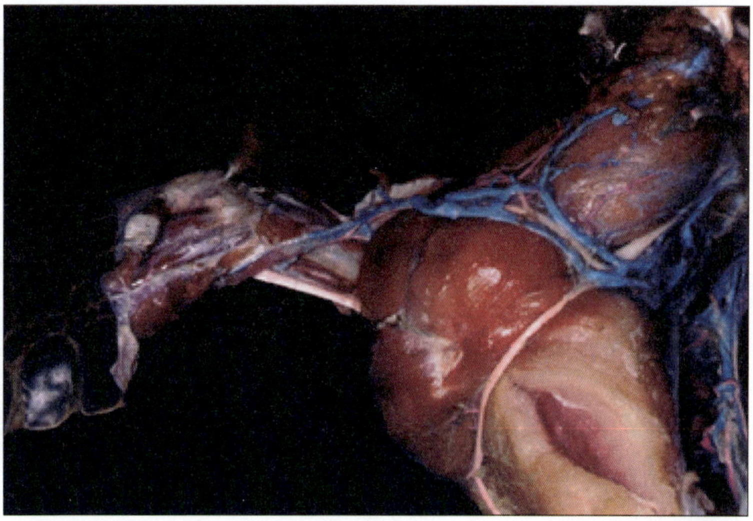

a

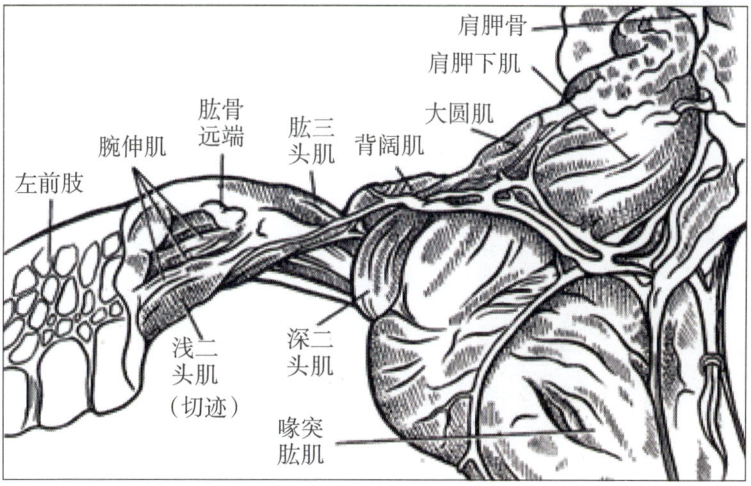

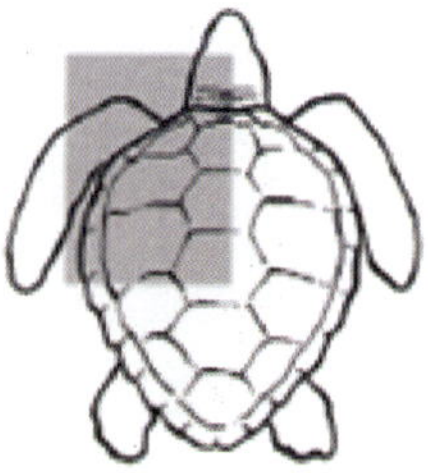

b

图9-10　左侧肩、臂及鳍状肢的肌肉

大的肩胛下肌覆盖大部分肩胛，大的喙肱肌在腹面，覆盖大部分喙突。二头肌有一或两个头（有种的差异和个体变异），浅二头肌从肩部（大部分喙突）伸出到腕的豌豆状骨，可控制腕或旋转前肢。深二头肌（此处只见一部分切口）充当前肢的收缩肌和在肘部的前肢屈肌。

2. 中轴肌

大多数轴向肌与海龟的颈部和尾部有联系。颈部循环的图片已阐明颈部的大部分肌肉（图10-5、图10-15，图10-17～图10-27）。这些包括横向的颈肌和颈二腹肌。这里描述了喉咙的浅肌和腭肌，因为没有任何关于尾肌的研究细节，这里不讨论尾部的肌肉组织。

颈部主要的深肌有颈长肌和颈后肌。颈长肌短，呈弧形排列，在连续的颈椎骨之间倾斜走向；它们负责伸长颈部。颈后肌起源于颈椎，向后延伸并插入背甲的椎骨背面。还有颈屈肌和颈缩肌，负责海龟颈部的伸缩运动。

3. 头肌

咽喉的皮肤之下是一薄层肌肉——下颌内肌，其在两块齿骨间有肌纤维运行。它插入一个平坦的肌腱中线（中缝），大约有喉咙的长度（图9-11）。下颌内肌在颌关节之后变为颈括约肌（图9-11），该肌起源于背外侧的一个颈椎肌腱。在下颌内肌深处的是斜行于颚间，并插入舌骨的颏舌骨肌。在颏舌骨肌之后的是一对背带式的肌肉——喙突舌骨肌，该肌从乌喙骨延伸到舌器（图9-12、图9-13）。这些肌肉协助压低下巴，吞咽及喉咙抽动（喉部振动）。它们受到面部神经的支配。舌肌受舌下神经支配，在这里不描述舌咽神经。

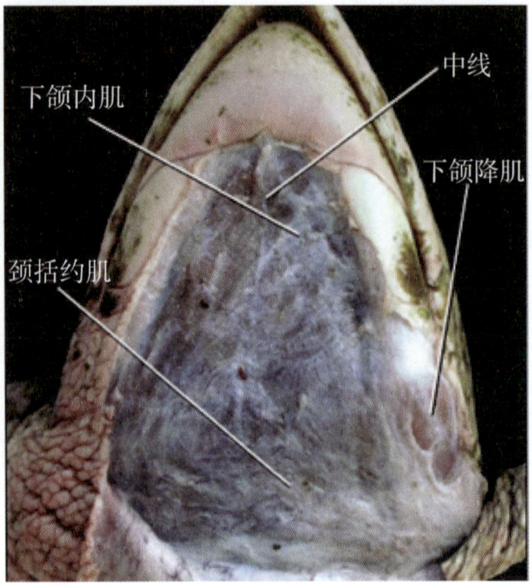

图9-11　腹侧及浅表颈肌

暴露颈腹侧的颈括约肌外侧，覆盖在气管上。疏松地附着在皮肌上的结缔组织仍存在于颈的前方。沿着肌肉前半部分的中缝线（肌腱）显而易见。

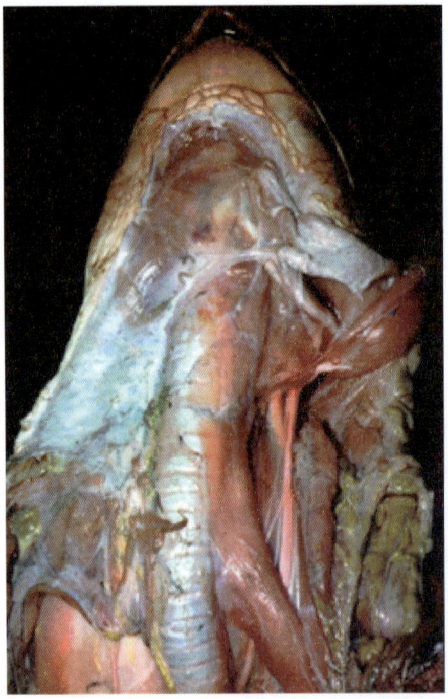

a

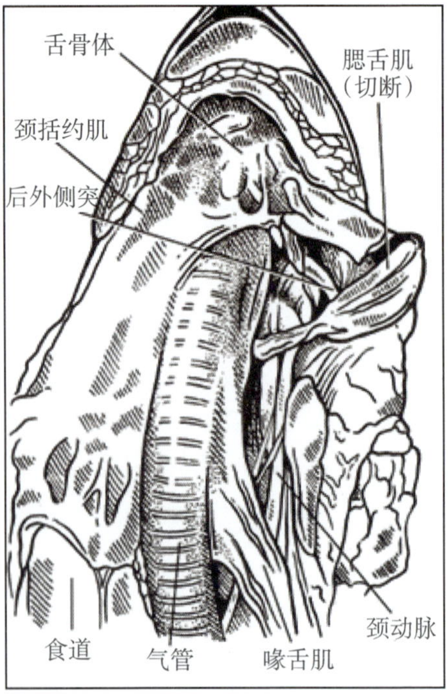

b

图9-12　颈肌腹部切面

显示浅肌（a、b图左）和深肌（a、b图右）。下颌骨间的平行肌纤维起源于下颌、结束于切缝（该纤维发现覆盖在舌骨体上、气管前方），腮舌肌在舌骨体和舌突间切断（龟体左）。喙舌肌沿气管行进到舌骨，颈动脉在肌肉深处。

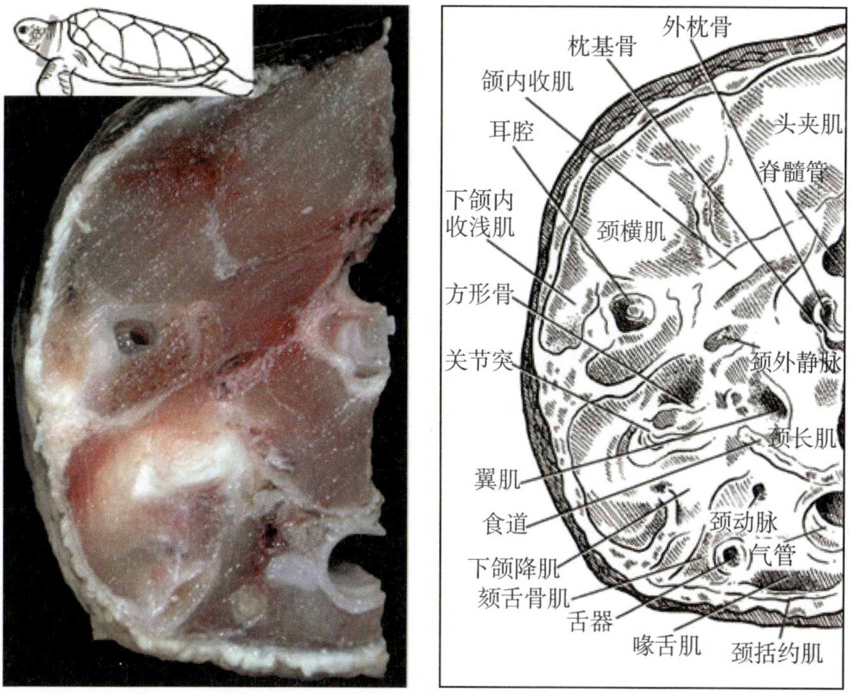

a　　　　　　　　b

图9–13　玳瑁过颈的斜切面

正好在颌关节后方腹侧、上枕骨冠背侧。相关肌肉、主要血管、气管和食管以及它们的位置及范围清晰可辨。

海龟的颌肌大多数位于头骨内。因为这些肌肉位于深处，大多数虽有描述但无图解。与哺乳动物不同的是，海龟缺少下颌肌肉；代之以一块具有几个头的颌内收肌。这几个肌头起自颅顶骨、上枕骨、方骨、前耳骨及后耳骨，然后聚合在一根肌腱上，该肌腱主要插入下颚(齿骨，有一些小的嵌入颌关节后的鳞状骨上)。下颌内收肌复合体的内侧是一对连接肌肉。下颌内肌从下颌行进到伪颞肌的肌腱上，其本身延伸到顶骨。这些闭颌肌都由三叉神经支配。

上颌、下颌的张开由其中几个部分的降颌肌控制。降颌肌起自方形骨、方轭骨及鳞状骨，嵌入下颌的关节；在棱皮龟属，也有部分降颌肌嵌入耳咽管。这些部件是由面神经支配的。

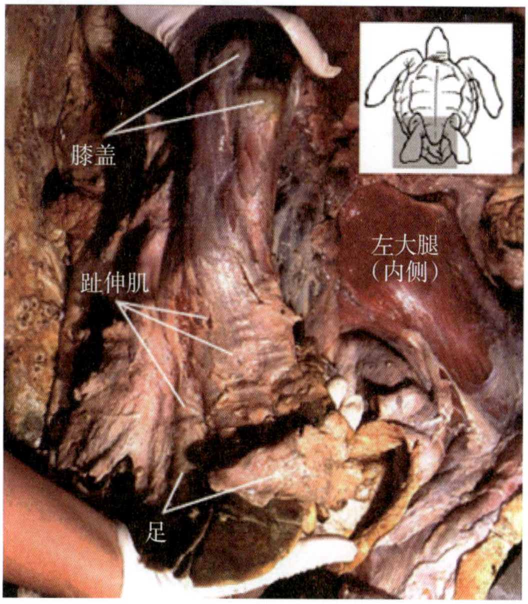

图9–14　蠵龟右后肢的足伸肌前端背部

腿在膝盖处外展和屈曲。足伸肌伸缩小腿或伸展趾。

4. 后部肌群

当移去腹直肌和覆盖在后肢及尾上的皮肤后，即可辨认出后部肌群。在腹面，有髋—股外直肌和内直肌、耻骨—胫骨肌，屈胫肌复合体，栖肌（图9–15、图9–16；“神经系统”，表14–1）。这些腹面臀部肌肉受骶骨神经（＝腰骶）丛的闭孔神经和胫神经支配。髋—股外直肌为一大腿内收肌，覆盖大部分的腹部骨盆，起自耻骨、坐骨腹侧，有膜覆盖甲状腺窗孔（图8–25）；其嵌入股骨的小转子。该肌肉的不同部分负责腿部的伸缩运动。海龟属的髋—股内直肌较大，由深浅两部分组成。在棱皮龟该肌可能缺失，其功能和位置被髂股肌取代。当该肌存在时，其起源于耻骨、坐骨的背外侧及骶椎。其嵌入股骨的大转子。

耻骨—胫骨肌，是屈胫肌复合体的一部分，在海龟属中存在，但在棱皮龟属缺失。该肌起自耻骨联合和耻骨侧面，它以屈胫内直肌嵌入胫骨。屈胫内直肌，为一“Y”形肌肉，起自骶椎和骶骨后背部及耻骨联合的腹部和耻骨侧面。它通过远端包围着腓肠肌，嵌入胫骨上。屈胫外直肌有两个头（图9–15、图9–16），多少有点在内直肌的内侧。背头从髂骨升起，腹头起自坐骨后方。二者通过单独一根肌腱汇聚插入胫骨和小腿的腓肠肌，一些纤维嵌入皮肤及小腿的结缔组织。

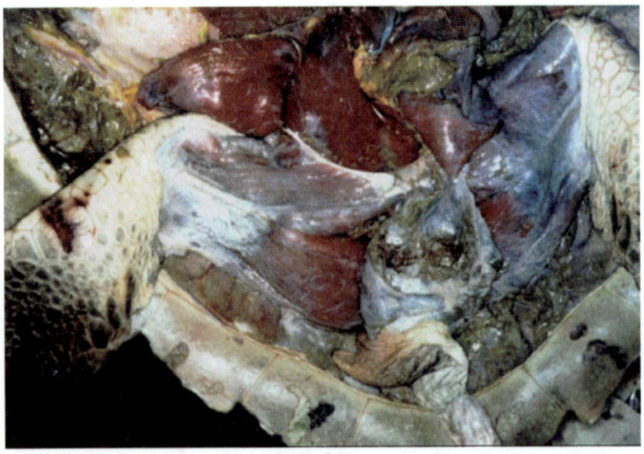

a

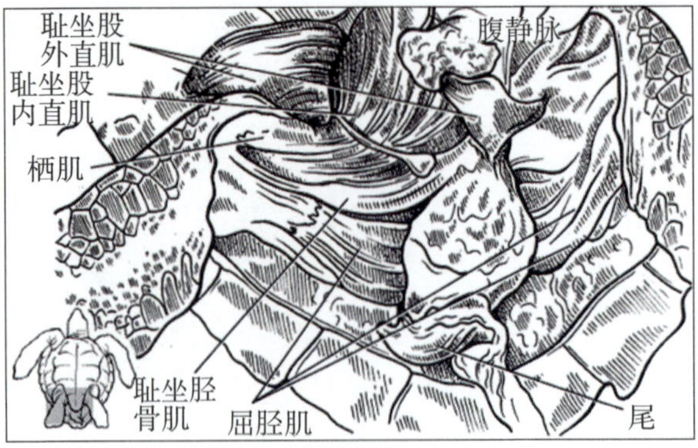

b

图9–15　臀部腹侧浅表肌肉

耻坐股外直肌是腿内收肌。耻坐股内直肌（此处见到的是前端腹侧部分）是腿部的伸肌和外展肌。胫骨屈肌复合体，包括耻胫肌、伸缩腿部和控制足的后缘形状（掌舵时）。更前方，栖肌是弱的外展肌和后肢前伸肌，可以伸展小腿。

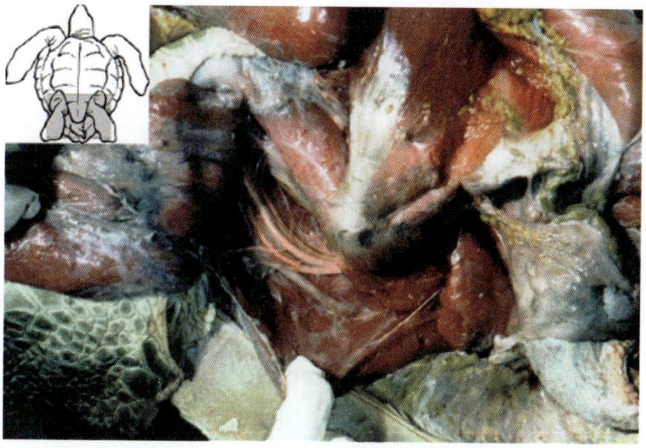

a

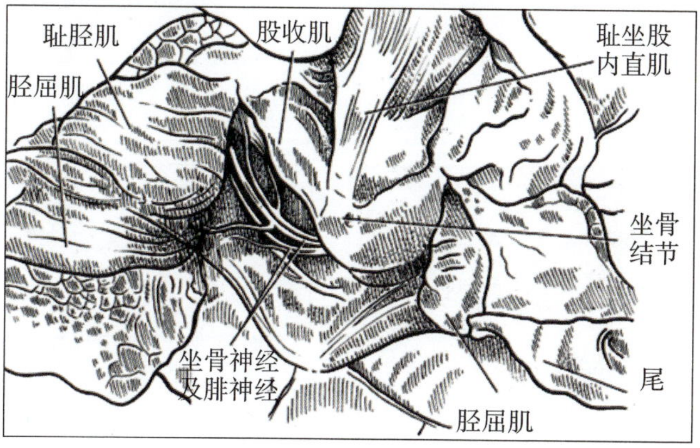

b

图9-16　切除肢表面收缩肌后的臀部腹侧肌肉

股内收肌和耻坐股内直肌是拮抗肌，前者内收股骨、后者外展股骨。

5. 股收肌

股收肌（图9-16）起自坐骨侧面，嵌入后方的股骨干上。坐转节肌（未显示）收缩腿部的肌肉，于耻骨前和耻骨联合。它插入股骨大转子。背臀部和大腿的肌肉（“循环系统”和“神经系统”，图10-30、图10-31、图14-21），包括髋外展肌（胯胫肌、股胫肌及栖肌）。腹部位置的栖肌（图9-15）起源于耻骨—坐骨的韧带，并插入了髌骨肌腱，横跨膝盖到胫骨前方。胯胫肌起自髂骨背面，并由栖肌插入髌骨肌腱。在这两块肌肉的深处，股胫肌（“神经系统”，图14-21）起自股骨的背面及前腹表面，与胯胫肌及栖肌合并嵌入。骶神经丛的腓神经及股神经支配大多数的背臀部肌肉。

后肢伸肌（图9-14）是大的板状肌肉，起自股骨的背面及侧面，并插入腓骨及足趾的背前部。它们可弯曲小腿或伸直足趾。

十、循环系统解剖　Circulatory Anatomy

循环系统包括心脏、动脉、静脉和淋巴管。心脏多室，主要起到泵的作用。动脉管壁厚，肌肉质且有弹性纤维，它们将血液从心脏输出。静脉将血液运回心脏，静脉管壁有薄的肌肉层和弹性组织，且在动物死尸中管壁往往会崩塌。许多静脉有活瓣。淋巴管将循环系统外的组织液运回血液。淋巴管壁非常薄，很难拍照，它像保护层一样围绕在动脉或静脉周围。

心脏：心脏位于心包膜内，靠近肩峰及喙突的腹缘（图10-1～图10-3）。其背侧是肺的边缘和肝叶的侧面。心包内的心脏被清洁、无色至浅黄色的心包液包裹。所有龟类的心脏均有四个腔室（图10-1）：一个静脉窦、两个大的心房和一个心室。心室壁厚，内分三个腔隔：静脉腔隔、动脉腔隔及肺动脉腔隔（未显示）。这三个心室腔隔相互之间只部分分离。

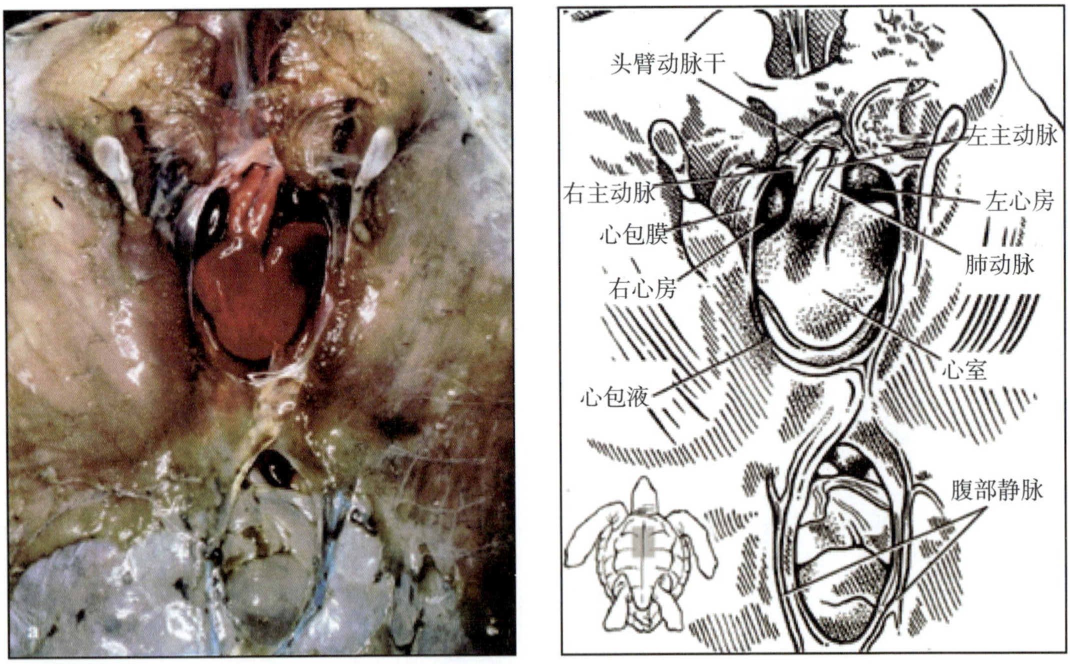

a　　b

图10-1　心脏腹面

去除心包膜，暴露心脏。两主动脉转向背侧，部分隐藏于头臂动脉干下。肺动脉起自共同的肺动脉干。来自后方肌肉的腹部静脉暴露于心脏下方。

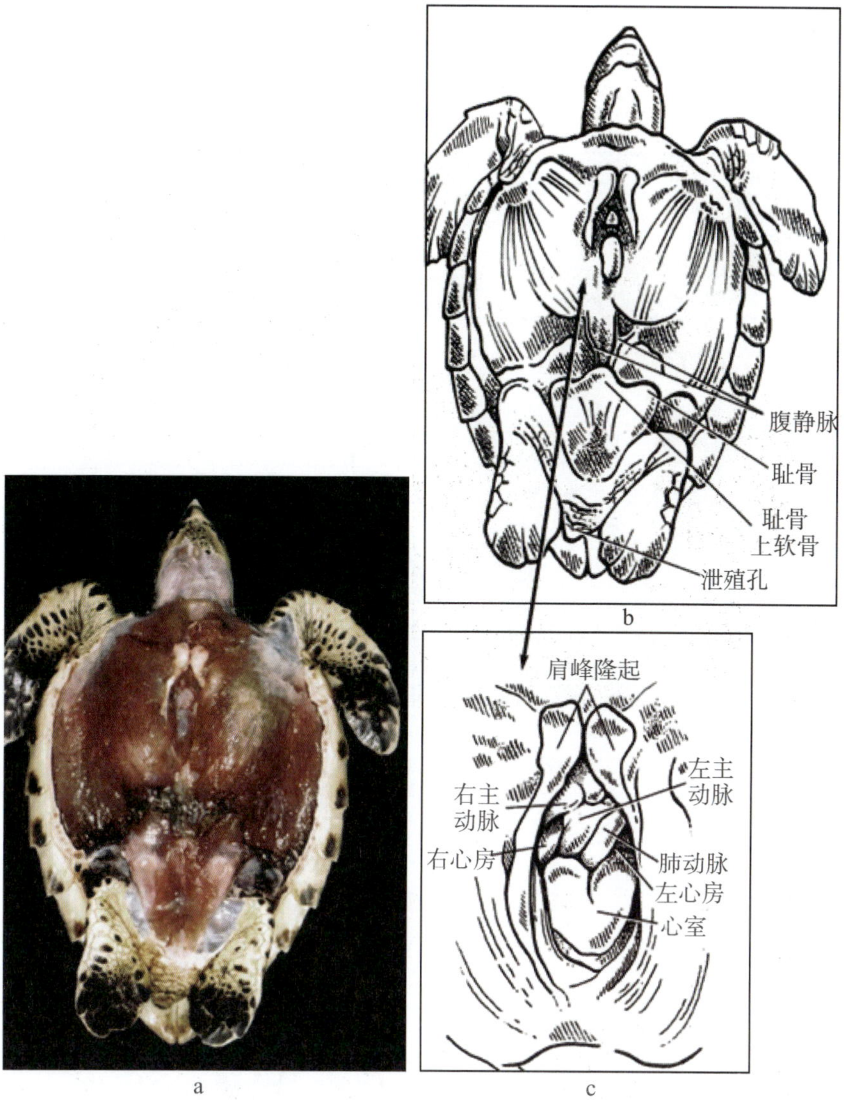

图10-2 定位心脏的界标（去除腹甲）

两个肩峰突和喙突肩峰韧带构成心包膜腹侧框架。小心地移除腹甲，成对的腹部静脉被保存了下来，它们负责运输骨盆腹侧肌肉的血液；血液向前回流到肝的两叶。图c显示去除心包膜的心脏特写。

心包膜的后端和心室尖通过心脏引带与腹膜相连（图10-3）。这种结构在心室收缩时锚定心脏。

去除腹板后，可见一对腹大静脉，它们将来自骨盆的血液向前泵回肝脏（图10-2）。身体前端的血液泵回前腔静脉，静脉的位置在左、右心房前侧方可看到。

动脉：左、右主动脉和肺动脉干起自心脏前腹部（图10-3）。右主动脉供给头部、四肢及身体下端所需血液；左主动脉供给内脏所需血液；肺动脉干分左、右两支，分别输送血液到左、右两肺。

主要血管的分支是找出器官的标志，并且可以具体定位。右主动脉向前的右分支叫头臂动脉干，其继续向后到下半身与左主动脉相连。头臂动脉干在前中部分支出甲状腺动脉进入甲状腺（图10-4），向侧面的分支是锁骨下动脉（图10-3、图10-4）。头臂动脉干可作为一个界标来定位甲状腺和胸腺（见“腺体”，P159-160）。

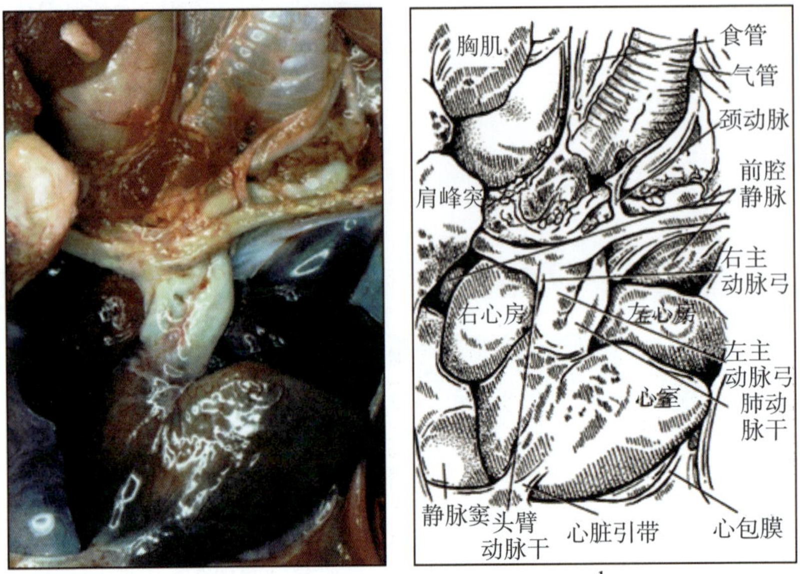

a b

图10-3 心脏的四个腔室的腹面观

腹侧的心包膜被修剪掉，以显示心脏和大血管。心室尖端锚定在心包膜及腹膜后方。身体前端的静脉血进入左主动脉前外侧的前腔静脉。

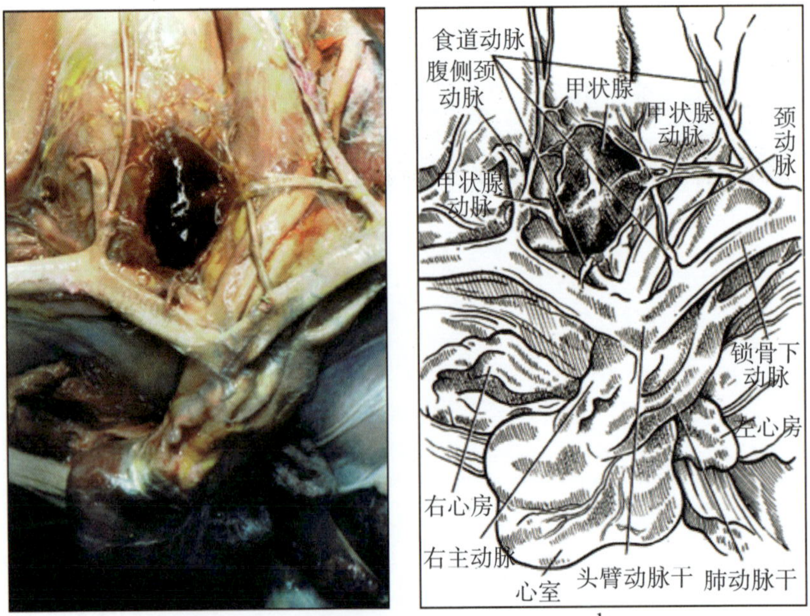

a b

图10-4 心脏及其主要动脉的前背侧观

右主动脉在向后弯曲前，升到头臂动脉干。甲状腺动脉起自头臂动脉干，不久分为两支（或来自颈动脉）；然后，头臂动脉干产生左、右锁骨下动脉，右颈动脉没有去除结缔组织。

颈动脉（图10-3、图10-4）及腹侧颈动脉，不是起自头臂动脉干就是来自甲状腺动脉外侧的锁骨下动脉（图10-4）。颈动脉（常叫颈总动脉）供应头部的血液，在接近脑壳处分支为内、外颈动脉两支。腹侧颈动脉前行分叉供应食道各部分的血液。锁骨下动脉侧向通向前肢，到达肩胛骨和乌喙骨连接处变为腋窝下动脉，在那里出现肩胛肌肉分支（前肩胛下动脉）。腋窝下动脉再分为两支：一支为进入前肢之前的甲壳内的肋缘动脉，其沿着壳体侧向后；另一支是到胸肌腹部的胸动脉（图10-5）。腋窝下动脉经过肱部成为臂动脉，连通前肢桡骨、尺骨和前肢指端末梢的动脉。

主要的动脉和静脉通路总结如下（图10-5、图10-6）：

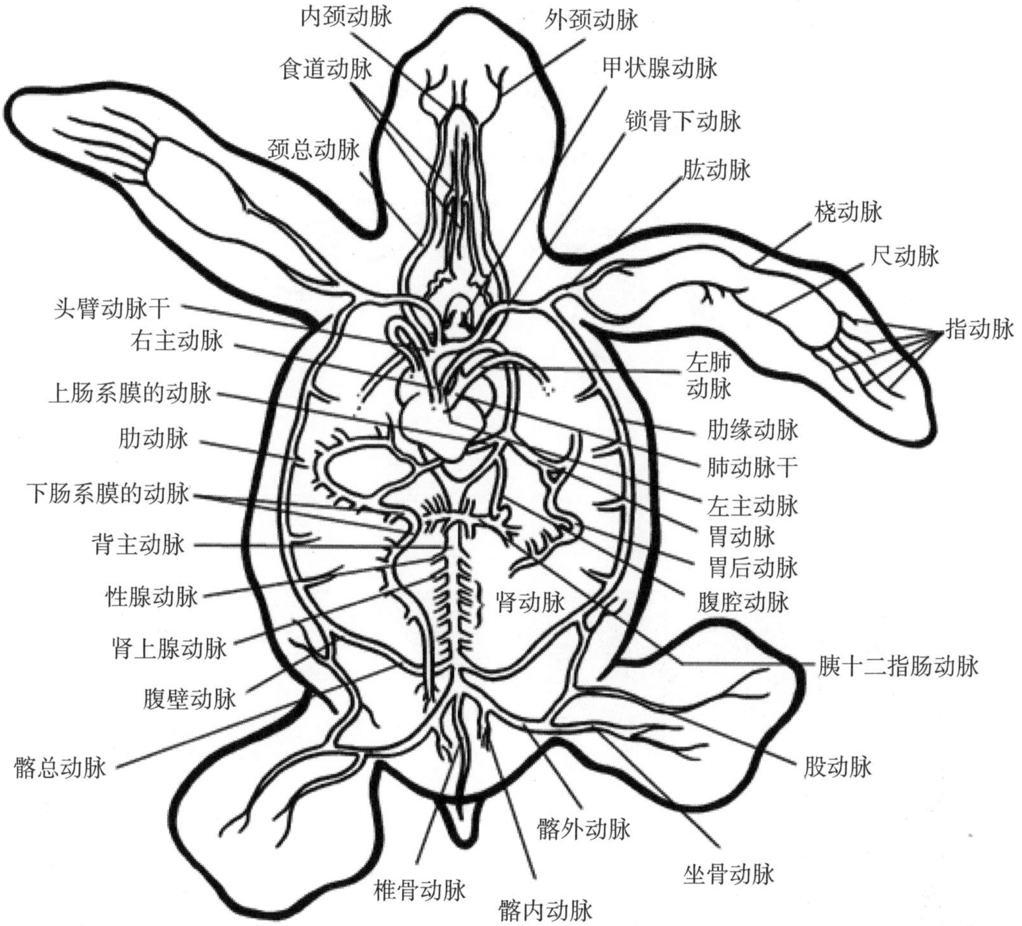

图10-5　海龟的主要动脉腹面观

用图解法显示主要的动脉。为了使图表清晰，一些分支没有标注，这些分支包括：腹侧颈动脉、腋窝动脉、前肩胛动脉、胸动脉、胰十二指肠动脉及痔动脉。

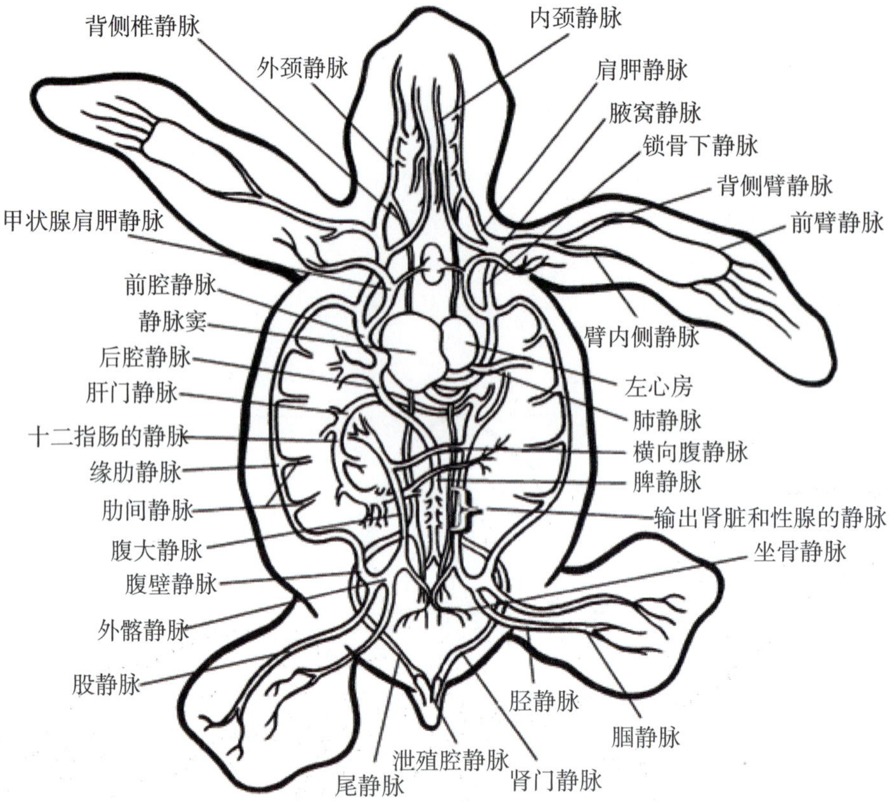

图10-6　海龟的主要静脉腹面观

注意所有分支并未显示或标注，以减少图表的复杂性。这些分支包括：奇静脉、横向及中央的椎静脉、食道静脉、肝静脉、胸静脉、围心静脉、静脉曲张、骨盆静脉、脂肪性静脉、下腹静脉、胃静脉、前后胰静脉、肠系膜静脉、总肠系膜静脉及次级肠系膜静脉。

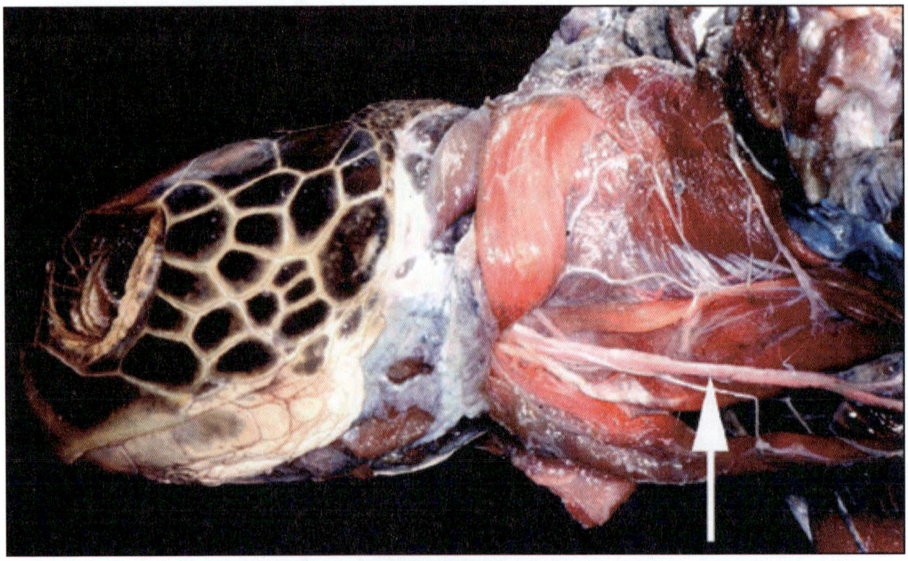

图10-7　绿海龟切断浅表颈肌侧面观

动静脉注入乳胶，形成对照。颈动脉（箭头处）位于深处，与颈椎的颈长肌毗邻。

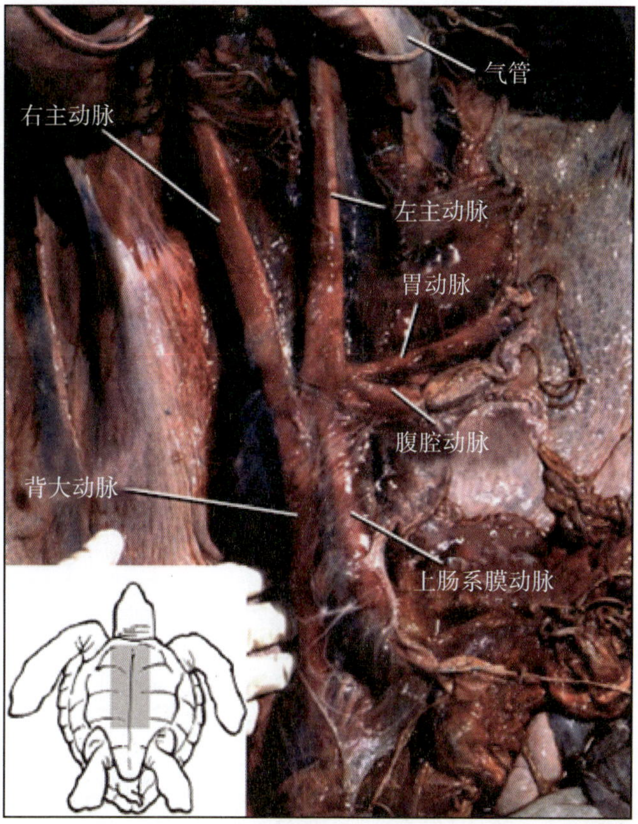

图10-8 蠵龟的左主动脉及其主要分支腹面观（去除心脏和内脏后）
蠵龟的右主动脉很早就与左主动脉汇合，刚好在上肠系膜动脉的起源处后方。

颈动脉位于深处，邻接颈椎的颈长肌。P80

左主动脉是三条大动脉之一，转向背外侧，到达胃的水平后分出三支：胃动脉、腹腔动脉和上肠系膜动脉。胃动脉很快分为两支，进入胃大弯（远侧）和胃小弯（体轴近侧）（图10-9、图10-10）。腹腔动脉在离开左主动脉后不久就形成胰十二指肠前动脉，进入胰脏、十二指肠和胃，还有胰十二指肠前动脉流向胰脏远端、十二指肠、肝脏和胆囊（图10-10）。上（或前）肠系膜动脉发出许多分支，通过小肠系膜呈扇形展开，供应小肠血液。前肠系膜动脉发出后，左主动脉继续走向后方，连接右主动脉，就形成单一的背主动脉。两条主动脉连接的位置是可变的，但一般在身体中间的1/3处。

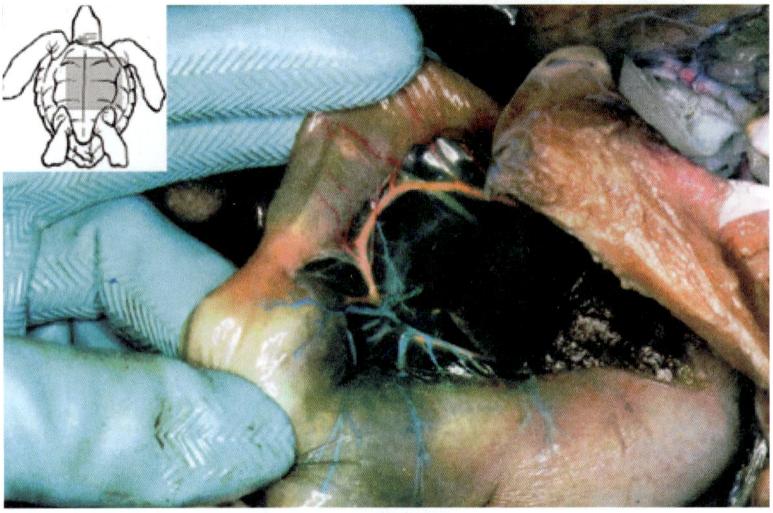

a

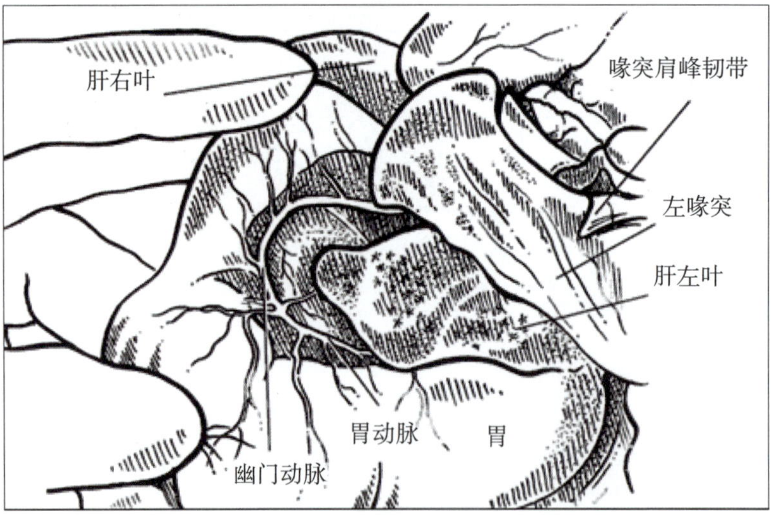

b

图10-9　胃部血液循环

腹侧的胃动脉供血给胃小弯，在幽门括约肌水平变为幽门动脉。

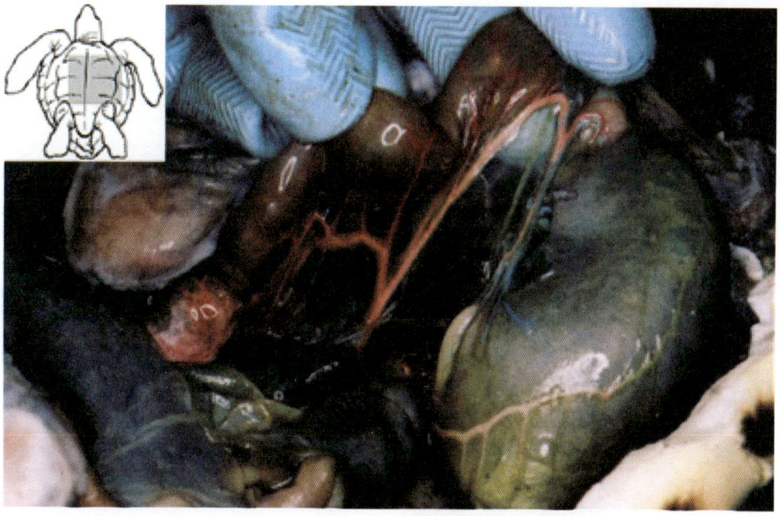

a

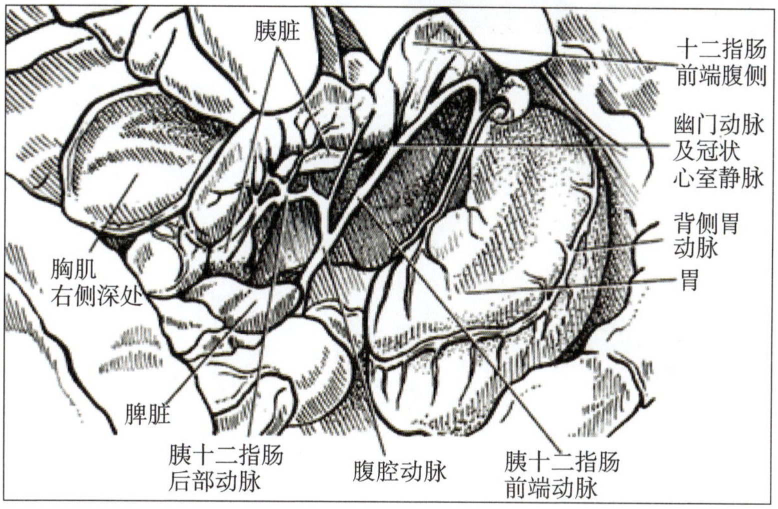

b

图10-10 胃、胰脏和十二指肠的动、静脉

背侧胃动脉流向胃大弯。来自左主动脉的第二条动脉——腹腔动脉，供血给流向十二指肠、靠近幽门的胃及去向胰脏的分支。

在幽门括约肌位置变为幽门动脉（图10-9）；向背部的胃动脉流向胃大弯（图10-10）。腹腔动脉，是左主动脉的第二分支，供血给十二指肠、胃近幽门部及胰脏。

背大动脉向后分出两个分支（图10-8、图10-11、图10-12）：甲壳的肋动脉，通向卵巢或睾丸的性腺动脉（每个性腺可能不止一条动脉）；一对肾上腺动脉，通向每一侧肾脏的三条以上的肾动脉（图10-11、图10-12）。在肾脏的水平，一对上腹部的动脉分支离开背主动脉；它们侧向移行并加入甲壳的缘肋动脉。

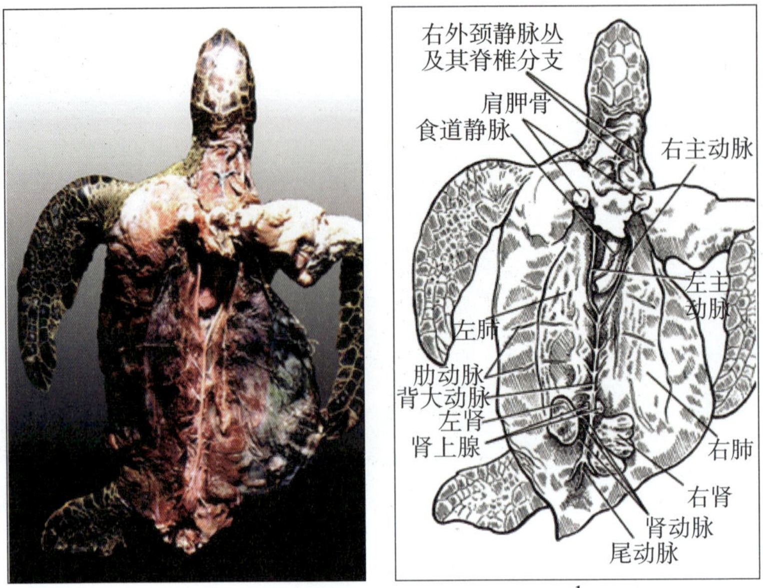

a b

图10–11 动脉注入乳胶的绿海龟（去除背甲）

绿海龟的背甲已移除，动脉里注入乳胶。左、右主动脉在身体中间的1/3处汇合。肋（肋间的）支伸向前、横过躯体。出现去向性腺、肾上腺、肾脏和后肢的动脉分支，然后尾动脉沿着尾部和泄殖腔的中线继续向后。绿海龟的右后肢缺失。

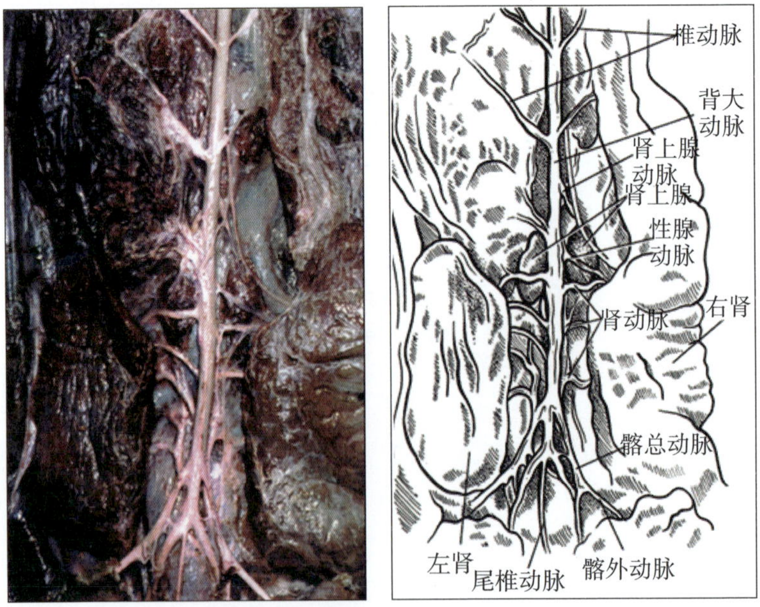

a b

图10–12 注入乳胶的动脉显示流向性腺、肾上腺和肾脏的动脉分支

绿海龟的背甲已去掉。循环系统的易变性很常见。海龟的右性腺动脉很长，越过背侧、走向右性腺，而不是伸向性腺的外侧或前方。有3对不对称的肾动脉给肾脏供血。腹动脉并不是典型地从背大动脉发出，而是来自左髂总动脉。髂总动脉继续走向髂外动脉，然后分支形成股动脉和坐骨动脉。髂内动脉直接来自背大动脉并转向腹侧，给膀胱和大肠供血。尾动脉沿中线继续向后。

到骨盆四肢的动脉，外部和内部髂动脉，在每一边，可通过成对大血管（髂总动脉）离开背主动脉，也可能单独分行（图10-12、图10-13）。外部髂动脉供血给后腿的股骨动脉和坐骨动脉（图10-4）。内部髂动脉分支提供血液给膀胱和性腺的管道，以及到大肠的痔动脉。背部主动脉（即背大动脉）延伸到尾巴作为椎骨（尾部）动脉。

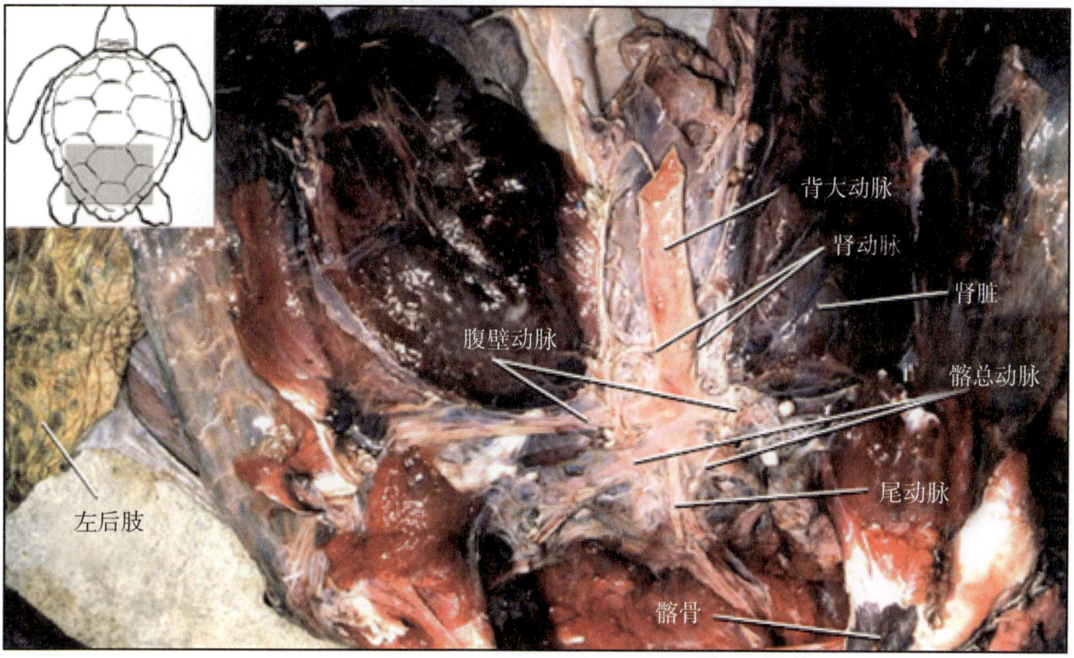

图10-13　蠵龟通向后方肌肉组织和肾脏的背侧动脉

肺动脉干离开心脏不久就分为左、右肺动脉，供给肺所需的血液（图10-3、图10-4）。肺动脉沿着支气管的背侧进入肺，随支气管后行发出许多分支遍及整个肺。肺动脉管壁增厚为肺部附近的括约肌。心脏附近的大血管管腔厚度应大致均匀，除了接近肺部的肺动脉。

肺内的毛细血管、小静脉（小血管）及各级静脉分支汇合形成泵出肺内血液的**肺静脉**（未显示）。肺静脉沿着支气管腹部表面行进，然后在前方退出肺，并且在中间呈拱形。它们在背外侧进入左心房。

体循环静脉：静脉循环的描述是追寻离开心脏的静脉。然而，我们必须记住：静脉血典型地流向心脏。值得注意的是，一些静脉的血液流动的方向可以扭转。有多个术语被用于描述主要的静脉，同义词用来澄清术语。身体的静脉血通过4条主要的静脉泵入静脉窦：左前腔静脉（=左总静脉，=左位上腔静脉），右前腔静脉（=右总静脉，=右位上腔静脉），肝左静脉，后腔静脉（=下腔静脉，=肝右静脉；图10-6）。左右前腔静脉各自泵回身体前部的血液。每个前腔静脉接受来自锁骨下静脉、奇静脉支流和前方来自内、外颈静脉的血液。奇静脉狭窄，给胸肌的深处供血（图10-14）。锁骨下静脉向侧方延伸，它接收来自甲状腺和肩胛处肌肉组织的甲状腺分支：甲状腺—肩胛静脉（肩胛、横向肩胛与肩胛下静脉）的血液，横向肩胛静脉从臂的背侧和前鳍后腹侧提供头静脉的排血系统（图10-6）。

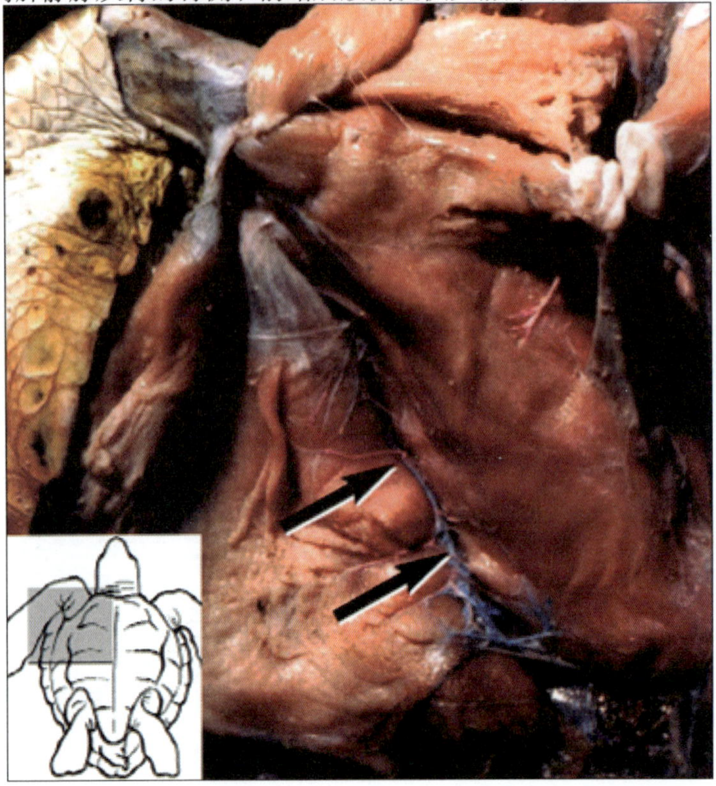

图10-14　奇动脉、奇静脉及胸静脉分支给胸部深处肌肉组织供血

此处胸大肌向前翻，暴露奇静脉血管（箭头处），其供血给喙肱肌前、后部分及深二头肌。

在接受甲状腺—肩胛静脉以后，锁骨下静脉侧向延伸并形成腋下静脉（腋窝）。在腋窝处出现许多分支并组成静脉丛网。腋窝静脉丛再接入上臂肱静脉，然后分为两叉，分别是鳍状肢的肱内静脉和鳍状肢前背部的肱背静脉。在动脉系统，手腕附近或其末端，一个血管形成弯曲，并接受从指状组合型静脉（发现于每个手指中间）排出的血液。由于在前臂和鳍状肢存在大量的结缔组织层，这些血管被破坏性地解剖描绘，并用图解法标明（图10-6）。

比较而言，外颈静脉是位于颈的背面和浅表位置。对于外颈静脉，二腹肌头棘肌（＝头夹肌）及颈横肌是很好的背部标志。无论在血管的哪一边，这些肌肉的外表都很明显，外颈静脉处于这些肌肉之间和深处（图10-15、图10-16），及颈横肌内侧。

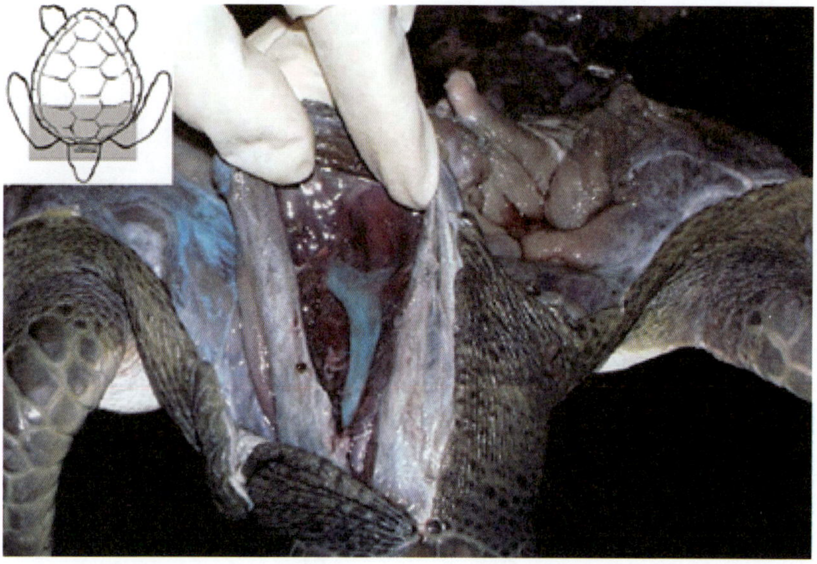

a

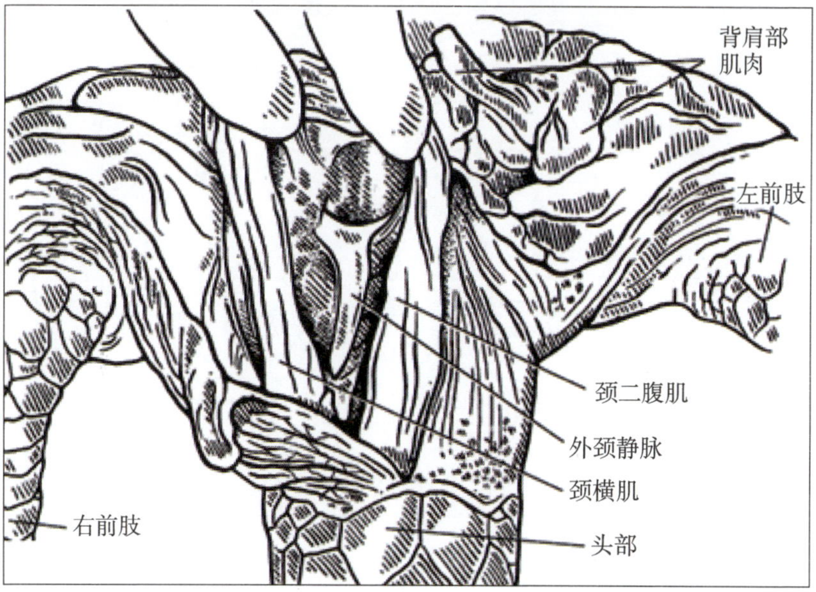

b

图10–15　绿海龟的颈部循环

外颈静脉（注入蓝色乳胶以提供对照）被解剖暴露在龟头右侧，并显示向内侧伸展，进入肌肉的颈横肌分支。

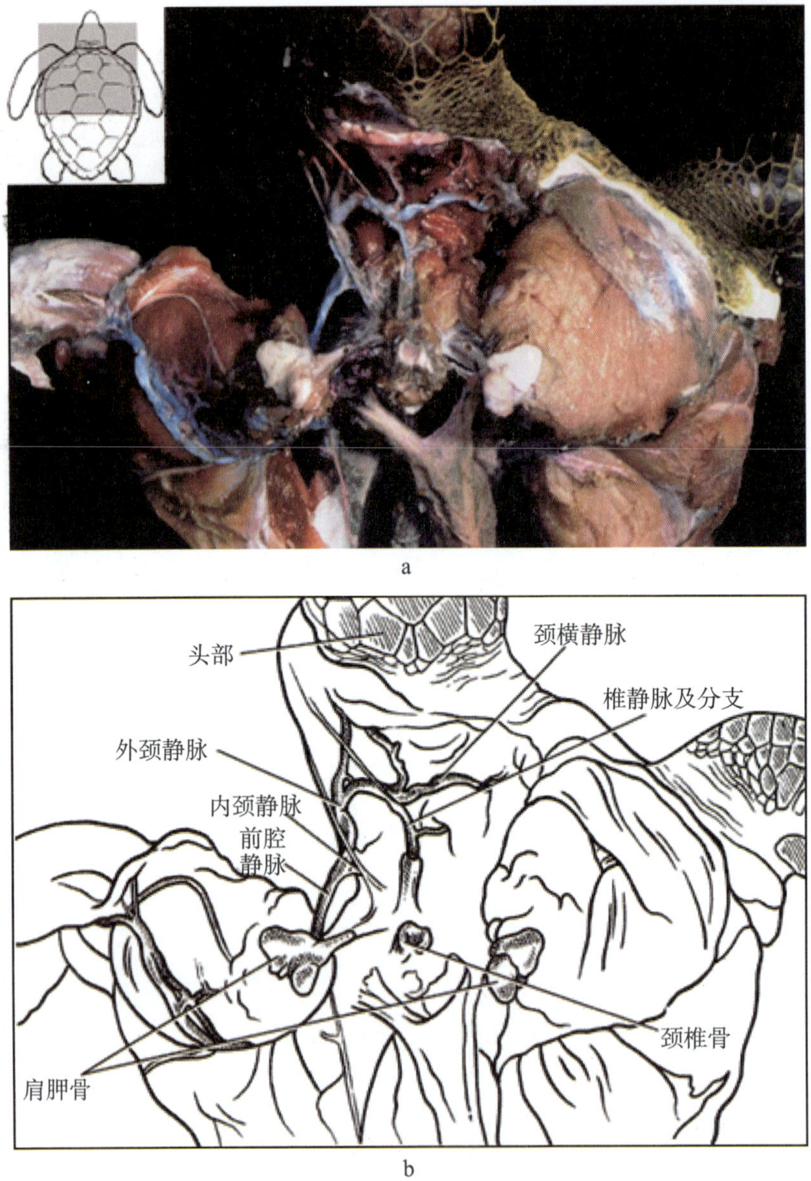

图10-16　移除背甲的绿海龟颈部背侧观

前腔静脉(上腔静脉)接受来自锁骨下静脉的血液。与海龟科其他种相比，绿海龟相对小的外颈静脉接受相对少的分支。

在海龟，外颈静脉(常叫背侧颈静脉窦)通常用于静脉穿刺(收集血液)的地点。外颈静脉较大，从颈基部延伸进入头部并收集头部结构的血液。每一外颈静脉至少发出一根横向分支与另一外颈静脉的内侧相连(图10-15~图10-21)。通常有一条小中央椎静脉从横向颈静脉的连接点的中线延伸并且提供血泵给颈背部肌肉、颈椎和脊髓膜。在绿海龟和玳瑁，外颈静脉直径小、分支少(图10-15~图10-17，图10-22、图10-23)。这种血管分支经常在蠵龟和肯普氏丽龟的颈背区域(图10-18~图10-20)。在棱皮龟属，该血管分支在头部附近(图10-21)。所有海龟种类都有从外颈静脉排(泵)出颈部结构血液的椎分支。

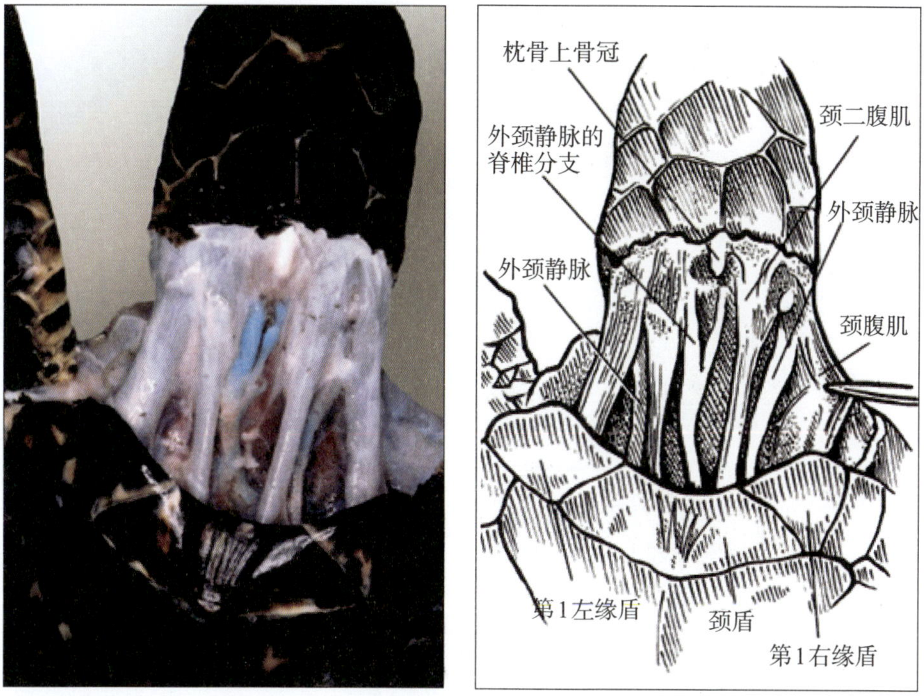

a　　b

图10–17　玳瑁的外颈静脉和椎骨静脉背面观

玳瑁的外颈静脉接受来自近端及末端背腹颈肌的脊椎静脉的背、腹分支的血液。

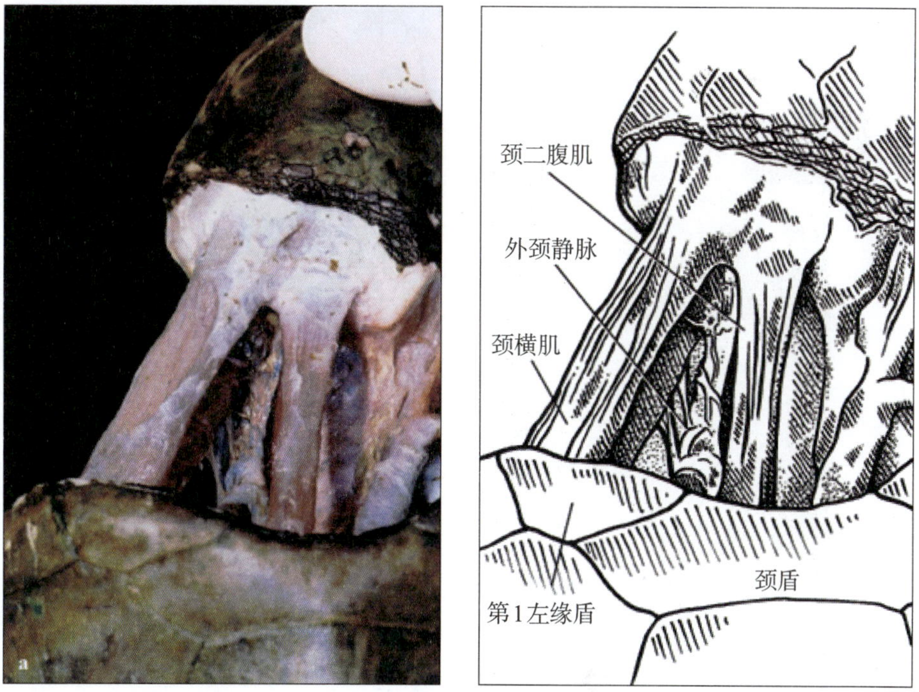

a　　b

图10–18　肯普氏丽龟的外颈静脉及其脊椎分支网

在该种显著的背颈肌之间，常见有许多的椎分支。

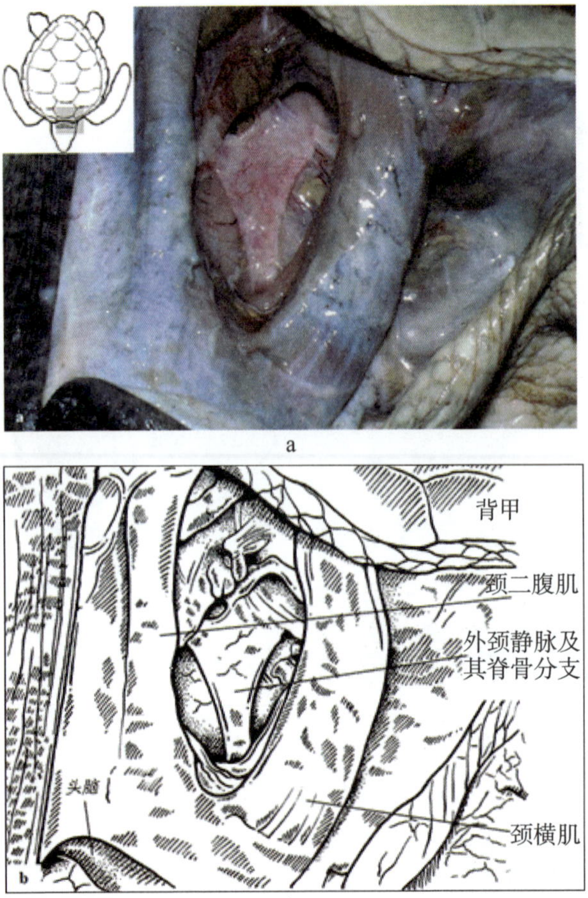

a

b

图10-19　肯普氏丽龟外颈静脉背面观（特写镜头）及其起自内侧的横向分支

a　　b

图10-20　蠵龟的外颈静脉与颈部分支

外颈静脉较大，与很多接合相联系（或称相互联系的血管网）的颈部（椎骨的）分支到蠵龟颈肌。

a

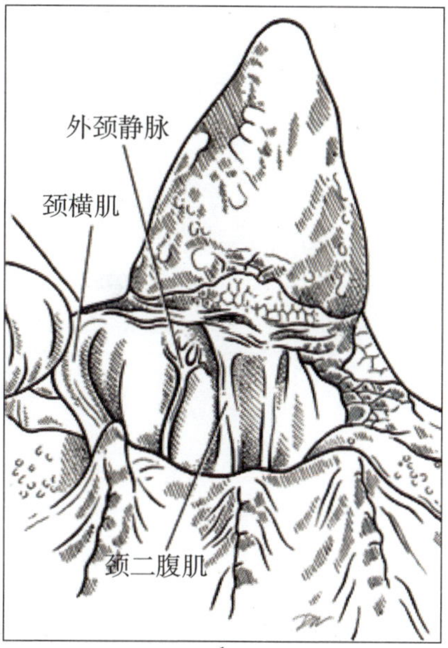

b

图10-21　棱皮龟颈背的血液循环

外颈静脉较大，且与许多小的颈部（椎骨的）分支到颈肌。该血管位于颈横肌和颈二腹肌间的深处。

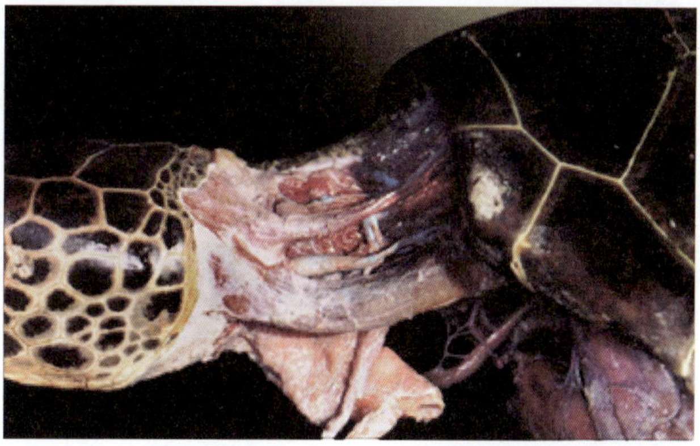

a

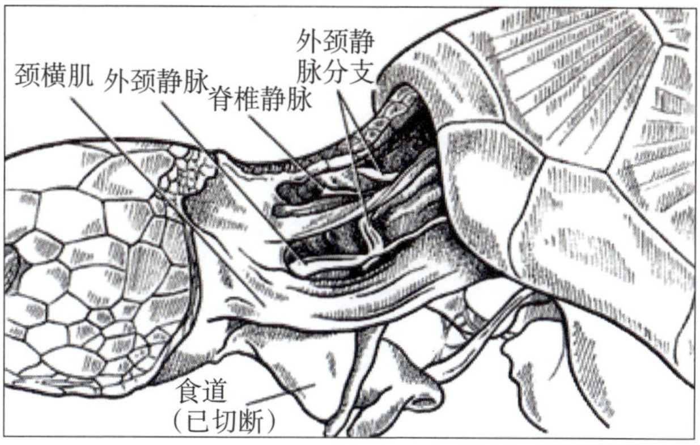

b

图10-22　绿海龟的外颈静脉及其左右横向分支

脊椎静脉部分可见，在颈背深切的内侧深处。

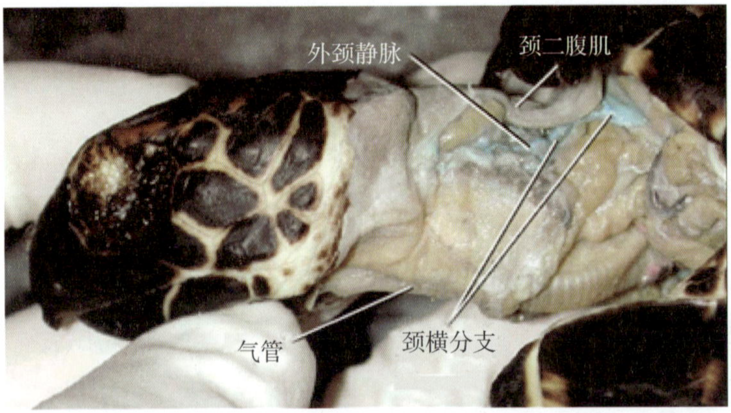

图 10-23　玳瑁的颈部循环侧面观

外颈静脉少有分支。血管近端分支接受椎骨支（颈盾附近）和腹侧支，运输颈肌腹外侧的血液。腹侧的颈动脉毗邻腹甲附近的气管。

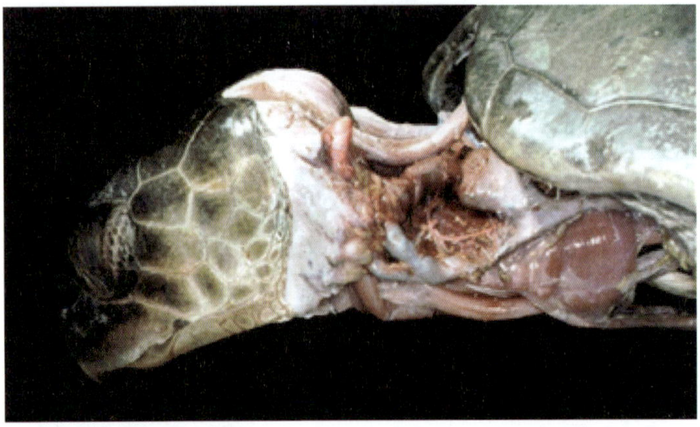

a

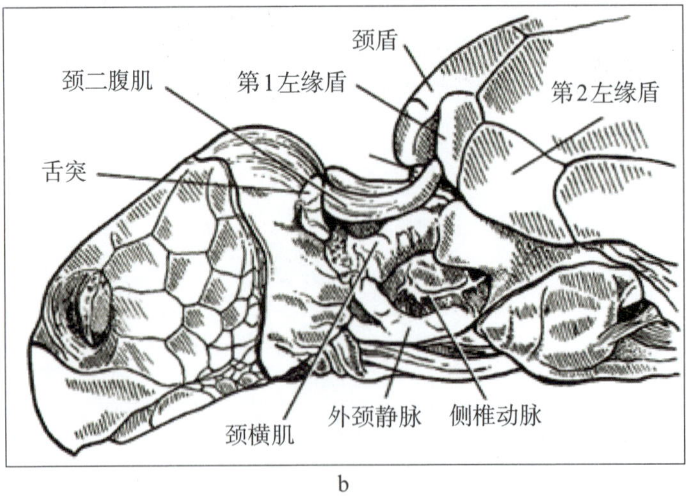

b

图10-24　注入乳胶、对比鲜明的外颈静脉

注入乳胶、对比鲜明的外颈静脉在这只肯普氏丽龟中很大。去除结缔组织后，外颈静脉比活体更下垂到腹侧，来自颈动脉的侧椎动脉见于此深度解剖。

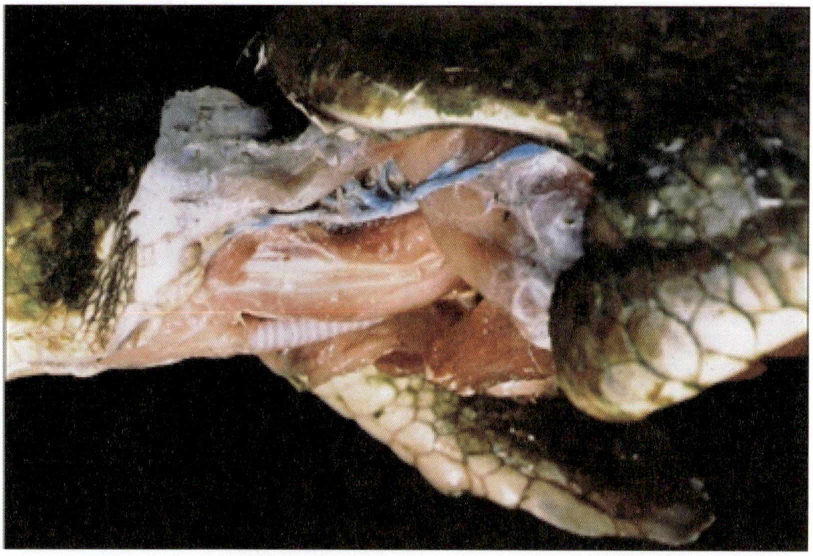

a

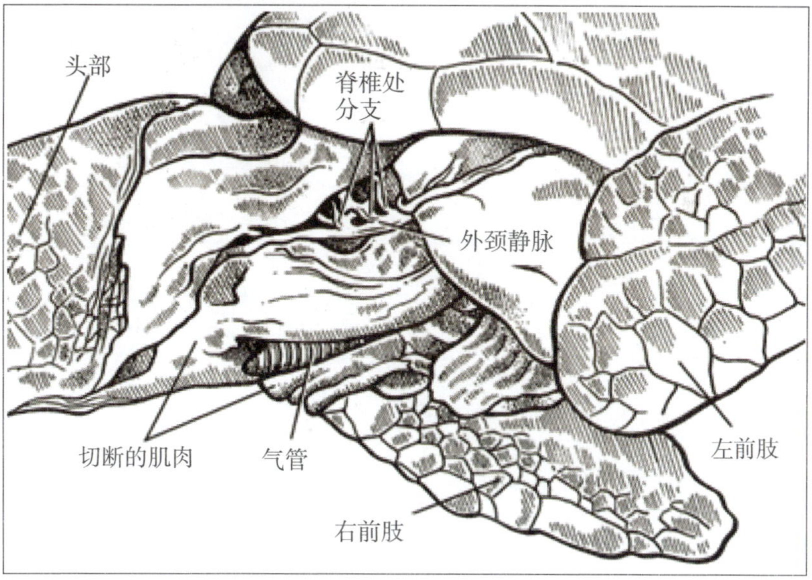

b

图10-25 肯普氏丽龟颈部侧面观

该图显示外颈静脉的许多分支进入颈部深处肌肉组织。

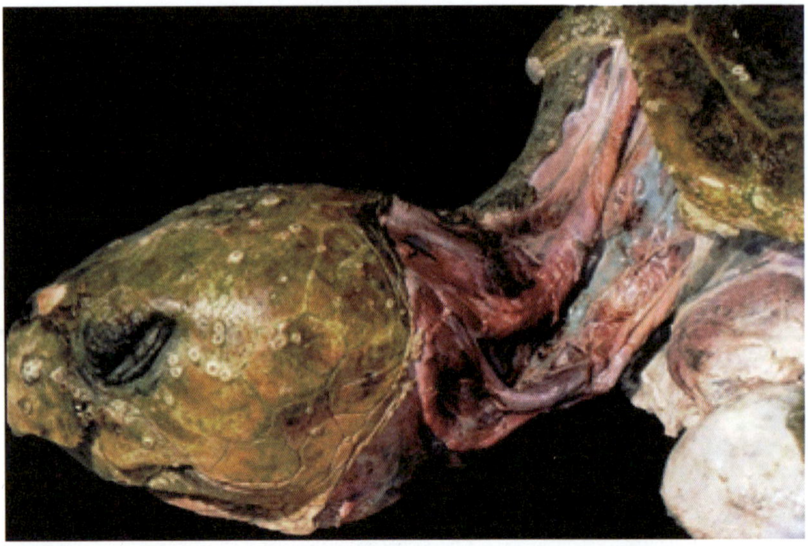

a

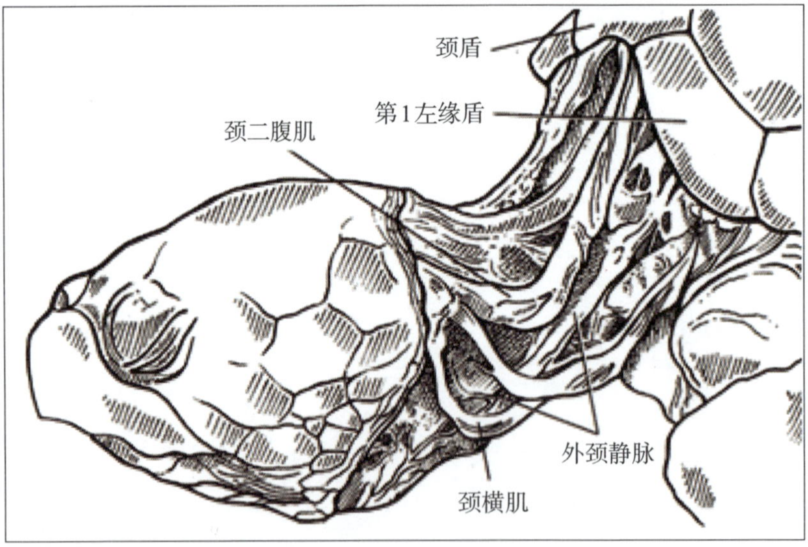

b

图10-26　蠵龟的外颈静脉侧面显示

大量的分支是该种的典型特点。切开颈横肌以显示静脉。因去除了支持的结缔组织，肌肉和静脉都向腹侧移位。

内颈静脉的直径比外颈静脉的小，并发现于毗连颈长肌的更深处。它接收来自食道静脉的多个分支后才泵血进入前腔静脉（图10-27）。

来自身体后端的静脉血回流有两条线路：直接线路（向后腔静脉和肝左静脉）和非直接线路（通过肾门静脉及肝门静脉系统）。门静脉系统是指那些在开始和结束都有毛细血管的系统。肾门静脉系统包括血液流进的后腔静脉、腹静脉、肾门静脉和髂外静脉。肝门静脉系统包括血液流入的肝门静脉、共同肠系膜静脉、肠系膜静脉和十二指肠静脉。这些静脉将分别进行讨论。

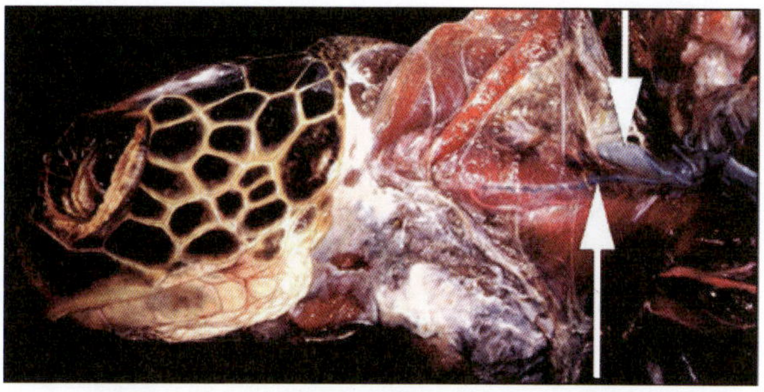

图10-27　绿海龟前腔静脉的内、外颈静脉

外颈静脉（向下箭头）大部分被颈肌覆盖（已翻向背侧）。内颈静脉（向上箭头）部分地注入乳胶，其常与迷走神经伴行。

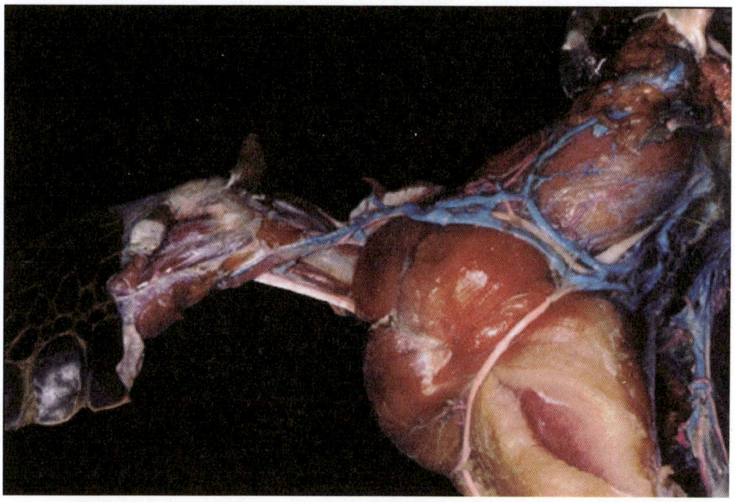

a

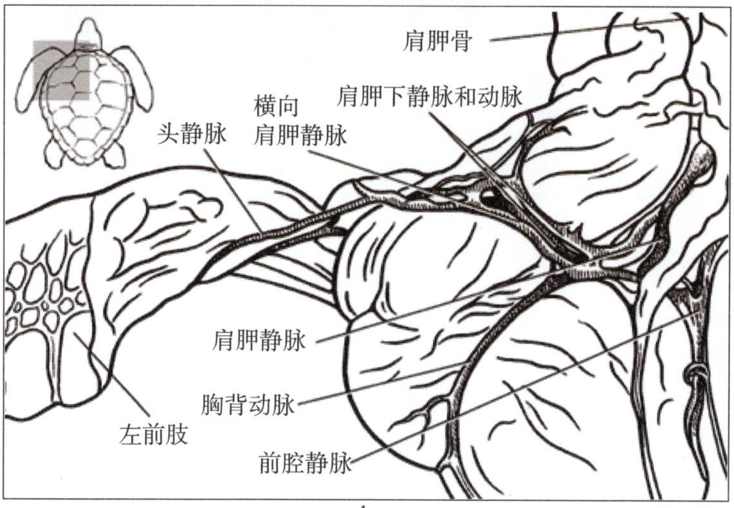

b

图10-28　鳍状肢后部的动、静脉分支

头静脉从前肢泵血进入沿行肩肌的横向肩胛静脉，然后到肩胛静脉，又汇入前腔静脉。大多数海龟中，胸背动脉是锁骨下动脉或臂动脉的一支。

后腔静脉从肾脏处毛细血管向前穿过肝右叶(图10-6)，从肝右叶出现又进入静脉窦右侧。在后面，后腔静脉接受来自肾脏腹表面的多对肾静脉的血液。性腺静脉也穿过性腺，经过肾脏到后腔静脉。髂静脉分支排出骨盆肌肉和背甲的肋静脉的血液，偶尔也泵入后腔静脉。在前面，后腔静脉接收遍布肝脏的多条肝门静脉的血液。后腔静脉是肾门静脉系统的一部分。肝左静脉排出整个肝和成对腹静脉的血液(图10-6)，腹静脉位于骨盆前方的腹膜上。通常有一条横向腹静脉连接腹静脉，在这条静脉里，血液可有两种流向。腹静脉接收来自胸肌的胸肌静脉下行的血液(图10-1)。心包静脉在胸肌静脉附近通常进入腹静脉，并且在这些后部，有一对多泡状静脉从膀胱输入。腹静脉沿着骨盆背部肌肉延伸，从左右两侧接收骨盆静脉的血液。

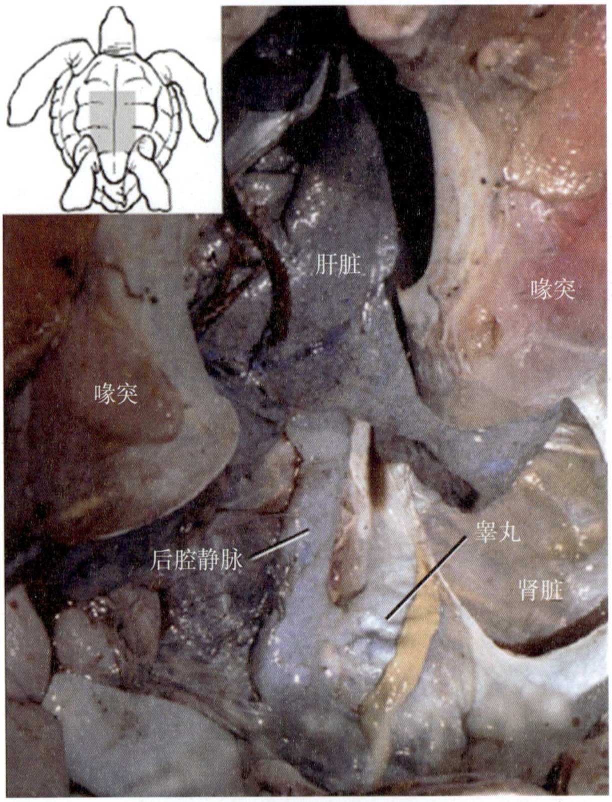

图10-29　后腔静脉腹面观

后腔静脉起自肝脏、通向肾脏，收集来自肾脏及体后输送到肝脏的血液。

后肢的小腿静脉从内侧延长至后面的大腿和胫。小腿静脉分支为胫静脉和腘静脉，加上股静脉(来自股和胫的背外侧，图10-6、图10-30)泵血入腹腔静脉，通常在骨盆静脉后方。来自左右腹股沟脂肪垫的脂肪性静脉，由小腿静脉附近进入腹腔静脉。髂外静脉在股、胫静脉与腹腔静脉的汇合处或附近流入腹腔静脉。腹壁静脉(图10-31)从两侧的缘肋静脉延伸，与腹壁动脉沿着背甲后外侧缘行进。它沿着大腿上部汇入髂外静脉。

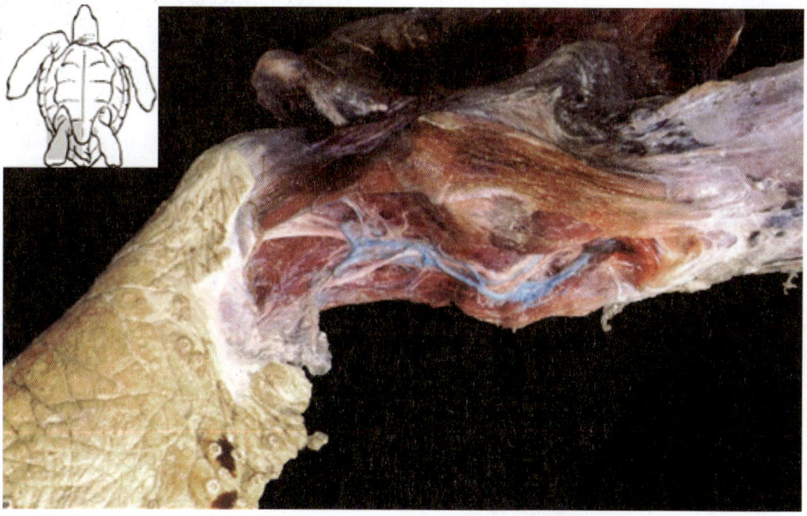

a

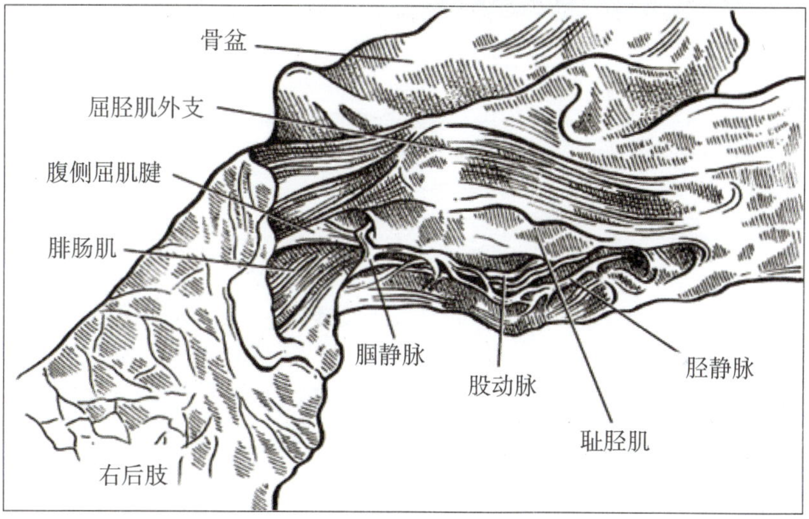

b

图10–30　蠵龟右后肢的动、静脉

蠵龟的右后肢显示股动脉、胫静脉及腘静脉的位置，这些动、静脉与坐骨神经并行。

成对的肾门静脉汇集来自后臀部肌肉的坐骨静脉的血液。尾静脉（图10–31）沿尾侧延伸，接受来自泄殖腔和直肠内侧的泄殖腔静脉的血液。尾静脉汇入坐骨静脉，与海龟的腹壁静脉一样。肾门静脉也接受来自狭窄的脊椎静脉的血液，该静脉起自脊柱的侧面，进入肾脏的前方和背面。脊椎静脉接收甲壳上的肋静脉血液，肋静脉与缘肋静脉有横向联系（图10–6）。来自泄殖腔、膀胱、直肠及雄性阴茎的血液，汇入髂内静脉，进入肾脏的后方和腹部。肾门静脉收集肾脏背面毛细血管的血液，在上腹壁静脉水平进入髂外静脉，或者进入腹主静脉后面的区域。

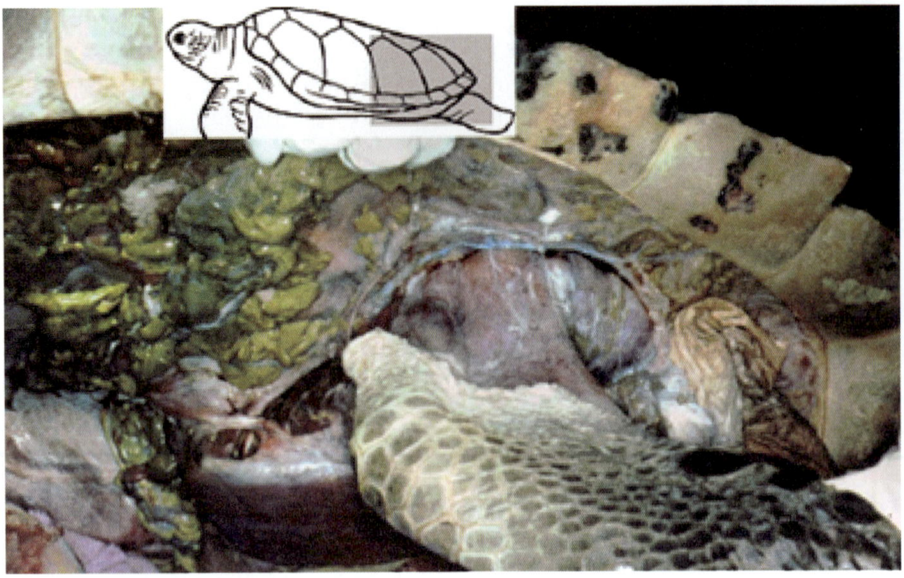

a

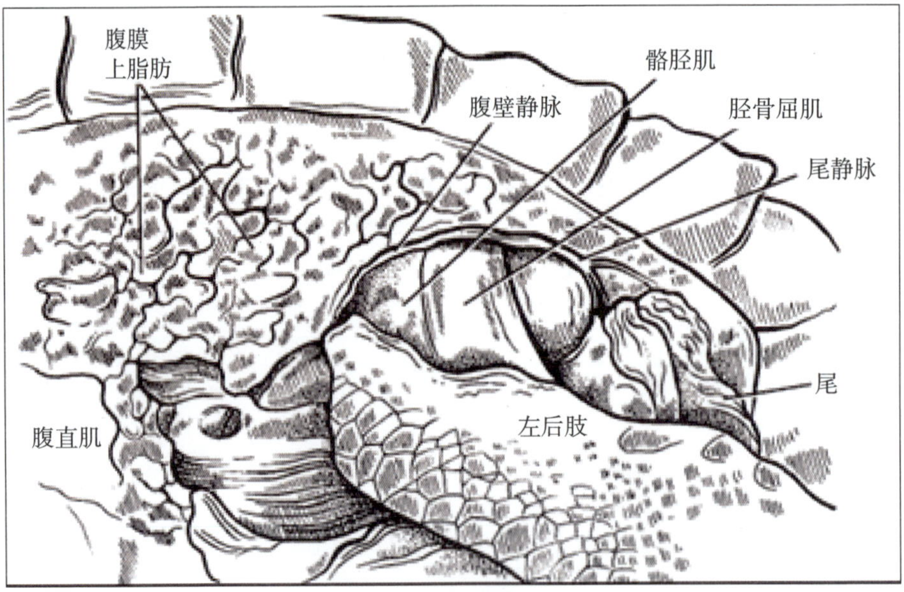

b

图10-31　腹壁静脉后侧观

腹壁静脉在背部行进到后肢背侧的伸肌（髂胫肌）和胫骨屈肌。该静脉在缘盾的内侧、背部脂肪层的腹面，接受来自尾背的尾静脉的供血。

肝门静脉接受来自腹主静脉的血液。它经过左右肝叶的背面之间，接受来自胃的胃静脉几个分支及形成胰前静脉的数个分支的血液（胰腺的左半部分）、胰后静脉（来自胰腺的右半部分）和长十二指肠静脉的血液（图10-8、图10-10）。脾脏起自胰脏附近的末端，其高度血管化，由几支脾静脉泵血到肝门静脉（图10-32）。

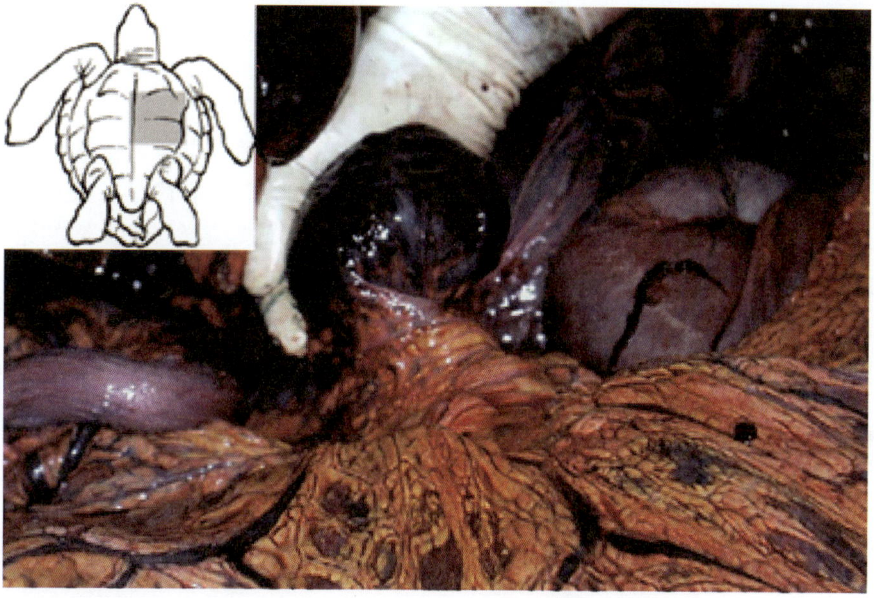

a

b

图10–32　暴露胃左侧及胰脏末端的脾脏（上覆肠系膜）

如图所示，几条脾静脉覆盖在脾表面。富含脂肪的肠系膜泵血回小肠。

再向后方，多条肠系膜静脉与从小肠散发出来的肠系膜动脉伴行，遍布扇形的肠系膜（图10–32）。肠系膜静脉汇集成总肠系膜静脉，再汇入肝门静脉。次级（下）肠系膜静脉排血到大肠至回肠与盲肠交汇处的分支（大肠在此处与回肠相遇），然后进入通向肝门静脉的总肠系膜静脉。

贯穿心脏的循环：穿过心脏的血液路线是否相同，取决于血液是否分流给肺和躯体，或是否主要流向躯体。与哺乳动物的心肺系统不同，海龟的肺循环和体循环不是各自分开的。肺循环和体循环分离的范围在棱皮龟科与海龟科之间有些不同。棱皮龟科的心脏循环与肺循环和体循环几乎完全分开，但海龟科的心脏内血液循环与肺循环和体循环之间并没有很好地分开。

海龟方面的研究普遍表明，无论血液分流到肺部或远离肺部都是动脉血气水平的一个功能。静脉血从头部、四肢和身体回流进入静脉窦，然后流向右心房。血液从右心房进入心室，在那儿血液至少有两条线路。下面的图解（图10-33）总结了心脏血液的路线。来自肾脏的血液通过肺静脉回到左心房，然后从左心房到心室，接着通常由主动脉输送到全身。

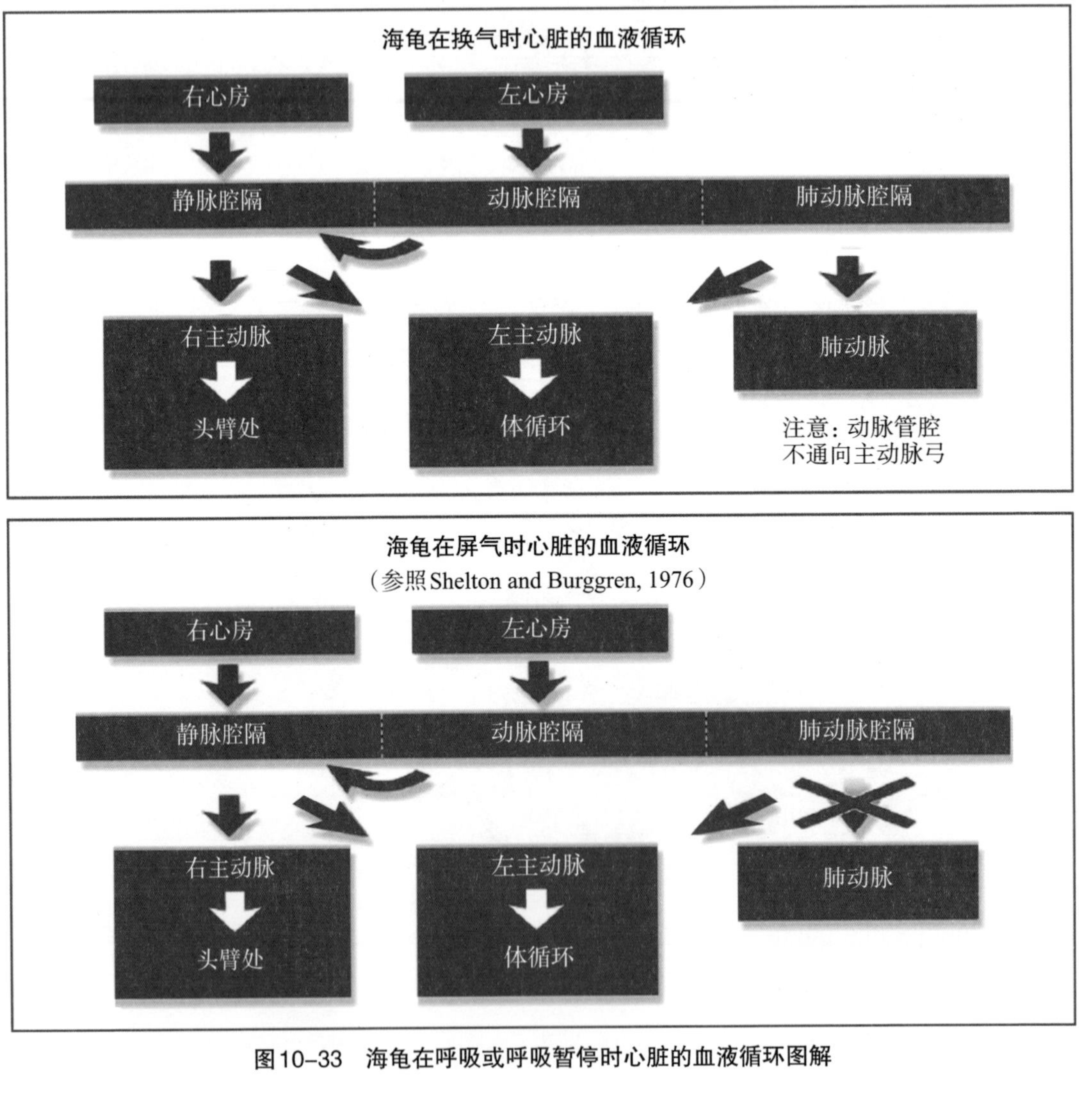

图10-33　海龟在呼吸或呼吸暂停时心脏的血液循环图解

十一、呼吸系统解剖　Lungs and Airways Anatomy

呼吸系统由声门、气管、支气管和肺组成。气道开始于声门，声门位于舌后方的中央位置(图11-1)。声门及附着的肌肉由其腹部的舌器支撑。声门打开，空气通过；声门关闭，屏住呼吸。气管由白色的软骨环组成，气管内表面由平滑上皮细胞组成，腐烂动物的气管和肺部有病的气管色泽异常。长长的气管分叉进入心脏的前背部，然后贴着肺动脉进入肺的前端。支气管延伸到整个肺的长度，支气管的大管腔内有许多开口与肺脏相连，这些开口离开支气管后没有软骨环支持，这些没有支撑的气道一直延伸到气体交换表面——肺泡或小凹(图11-2)。与哺乳动物不同，海龟没有二级支气管。气管和支气管均由软骨环支撑，防止海龟在呼吸和潜水时气道塌陷。

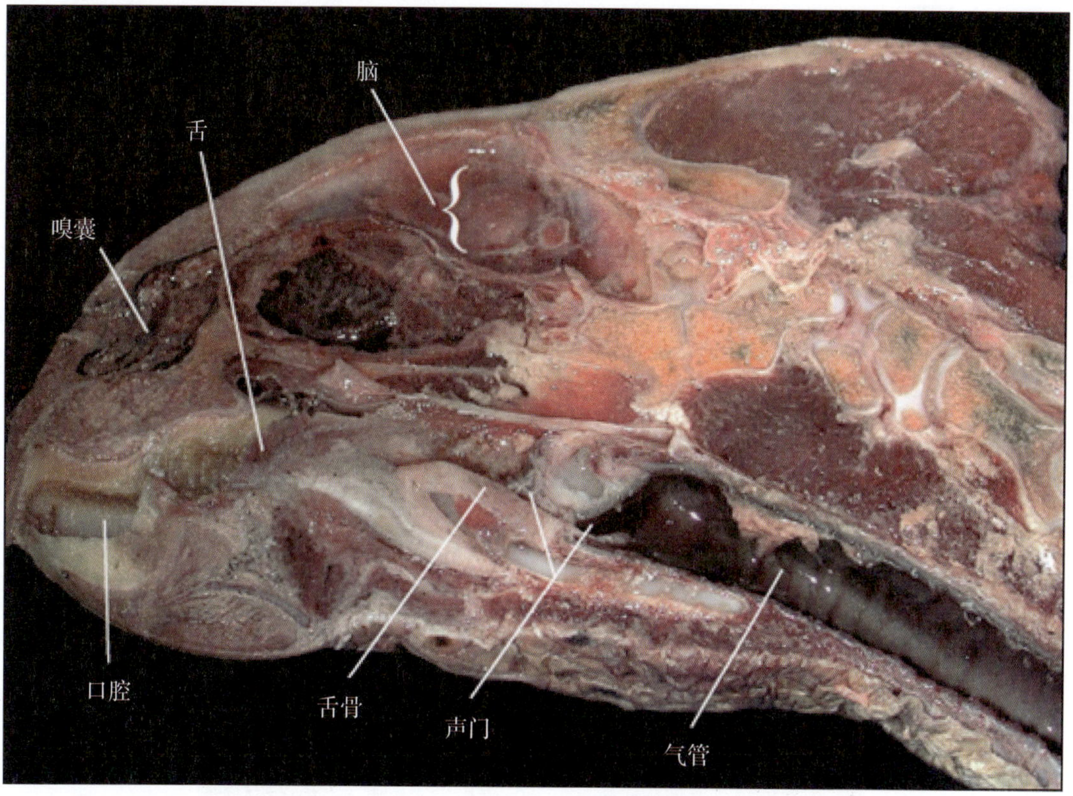

图11-1　玳瑁的呼吸道纵切面

舌器包括骨和软骨部分，支撑腹面的声门。声门位于舌骨与舌面间，该解剖个体的声门已关闭。软骨环支撑着大气管直径。气管内表面衬有平滑上皮。

图11-2　蠵龟支气管纵切面

海龟科的肺呈红色、多孔状。肺表面积大，但没有棱皮龟的肺结构致密。沿着大口径的气管有许多开口到肺腔内。这些开口离开支气管后没有软骨支撑，无支撑气道延伸至气体交换的表面，叫肺泡和腺泡。气管及支气管均由软骨支撑，防止海龟在换气和潜水时肺受压缩。

肺位于体背部，贴着背甲和脊柱。在腹部，左肺通过胃（与）肺的韧带和胃相连。右肺通过肝肺的韧带与肝的右叶相连。在后部，肺与腹膜粘连，毗邻肾脏、肾上腺及性腺。两肺近中轴边界与脊柱紧贴（图11-3）。

图11-3　肯普氏丽龟的肺（CT扫描图）

CT扫描图显示其肺及呼吸道的位置、形态与范围。肺的内侧表面紧贴脊柱。

所有海龟都具有多复室的肺。肺内有许多外形不明显的小气囊袋。海龟的肺组织呈海绵状，且有很好的弹性（图11–2、图11–4）。

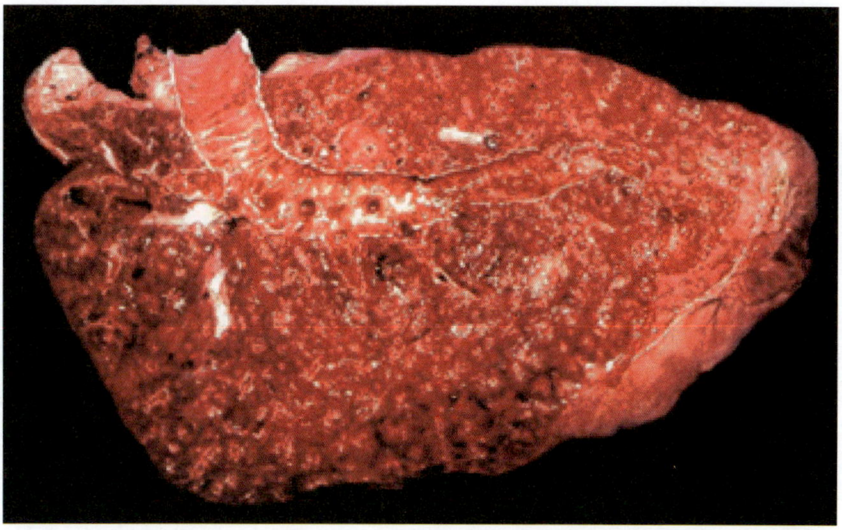

图11–4　棱皮龟肺纵断面

肺结构更加致密是其特征。表面积大、实质致密、结缔组织多和供血充足使得棱皮龟的肺呈深红色且富有弹性。

棱皮龟的肺实质组织比其他海龟的更加致密。棱皮龟的肺比较独特，像海绵一样多孔而且具有弹性，呈深红色。

肺通气的发生没有横隔膜的协助。海龟的肺通气（呼吸运动）是通过肩带和腰带的腹侧肌肉运动。腹股沟区域的压缩和肩部肌肉群的摇动改变了腹腔内的压力。海龟的呼吸容量很大，正常情况下，它们屏住呼吸直到血液中氧气含量降至很低水平。

十二、胃肠系统解剖　Gastrointestinal Tract Anatomy

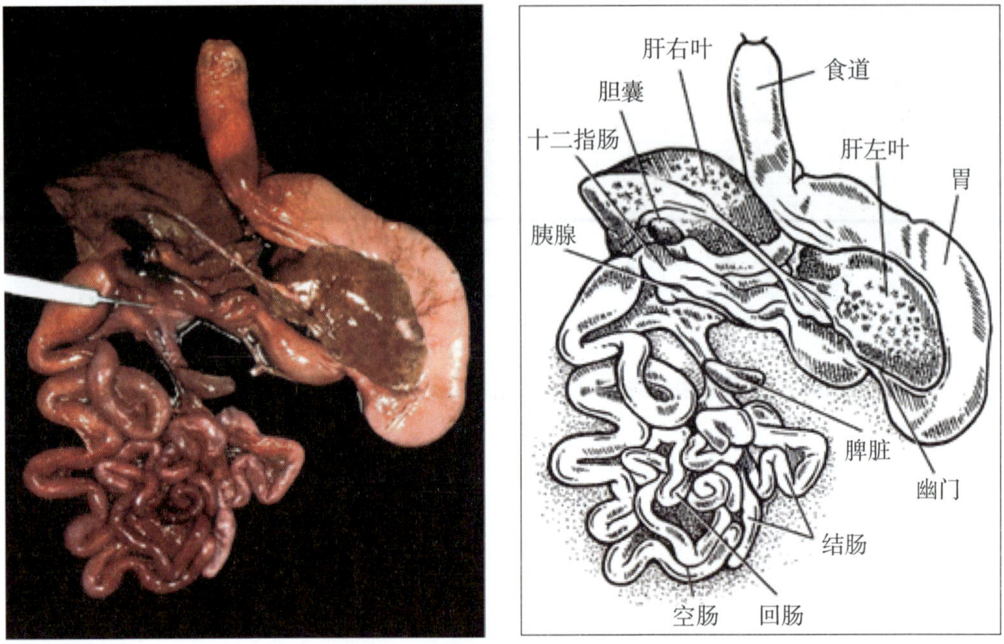

a　　　　　　　　　　　　b

图12-1　消化道、消化腺及脾

肯普氏丽龟的消化道显示从食道至直肠、肝脏和胰腺等消化腺的不同部位，肝产生的胆汁贮存在胆囊内，当食物至十二指肠时，胆汁经胆总管释放。其脾位于胰腺末端，并非消化腺，而是一个淋巴器官，参与免疫活动。

口摄取、处理食物。

食道将食物运输到胃，并把过多的水排出去，在吞咽时与舌一起协作。

食物从**胃**开始化学性和物理性消化过程。

在**小肠**里，消化酶帮助把食物里的蛋白质和复杂的碳水化合物裂解，小肠是专门吸收氨基酸、单糖、脂肪酸、无机盐矿物质（主要是钙、磷）和水的场所。

大肠（**结肠**、**直肠**）主要回收水分。

肠的长度与食性有些关联。从比例上来说，绿海龟和棱皮龟的肠要比蠵龟、丽龟和玳瑁的更长些。

脾不是一个消化器官，而是一个免疫器官。

口腔内有开口通向消化道、呼吸道和耳的多种器官，上、下颚邻接咽、腭、食道开口及声门、咽鼓管开口和内鼻孔（图12-2）等结构。声门和内鼻孔是呼吸系统的一部分，咽鼓管联系咽和中耳腔，舌固着于口腔底部，不能自由伸出，表面有一些短小的乳头状突起。声门位于舌后中部（“感觉器官”，图15-1），它起到一个阀的作用，打开或关闭呼吸道。食管起始于舌的后方，是一条通向胃的肌肉质管道，它位于气管背部且通向气管右侧。每侧各有一个咽鼓管，位于口腔的后外侧、上下颌的连接处，它的功能是保持中耳腔的正常压力（图12-2）。

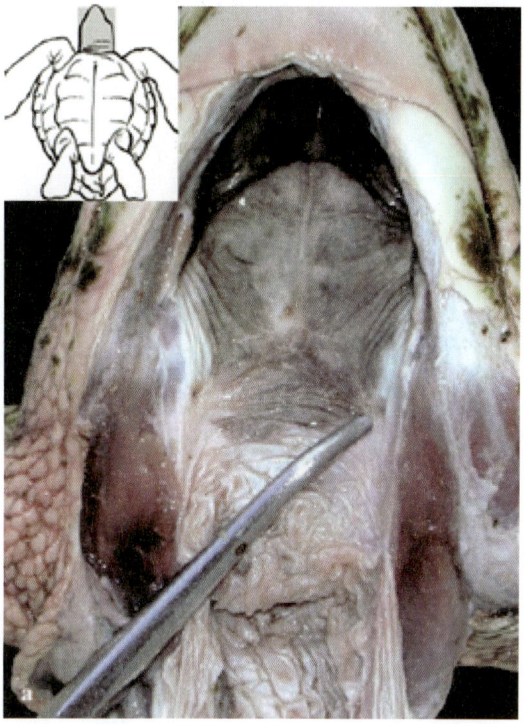

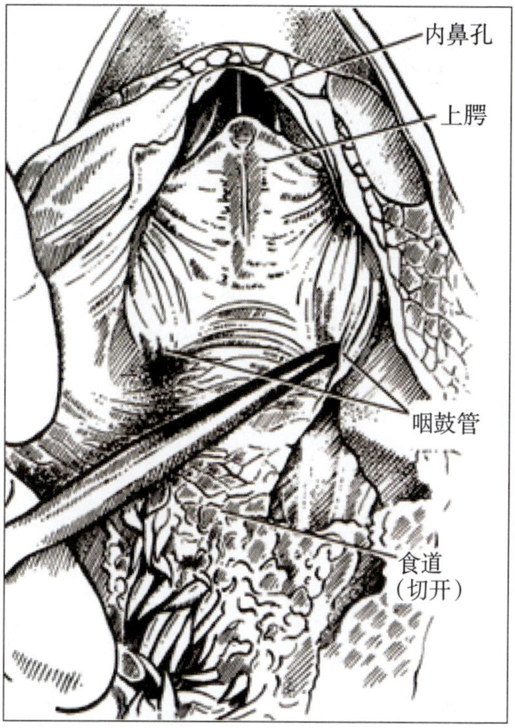

图12-2　切去舌及舌器的上颚腹面观

口腔顶壁有内鼻孔，开口于声门上方。在上颚后外侧、颌关节附近，是耳咽管开口，其通向中耳腔。

食道（图12-3）内有许多锋利且成排的角质刺突（食管乳头或乳头状突起），其作用可能是辅助摄食和在吞咽之前排出多余的水分。在大西洋的绿海龟，食管与胃相接处有一个平滑的过渡（图12-3）；而太平洋绿海龟的食道底部肌肉特化，为胃—食管的括约肌，其功能不清，食道—胃过渡区的乳突没有角质化，其后的胃内壁非常平滑且无乳突。在海龟科，食管的走向呈“S”形，向左弯曲，与胃相接（图12-4）。

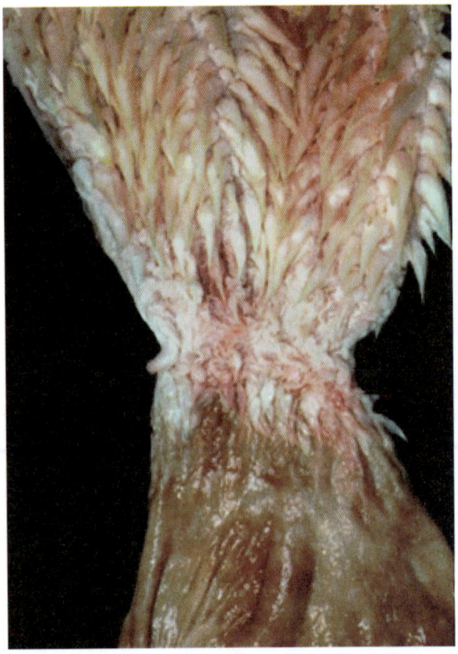
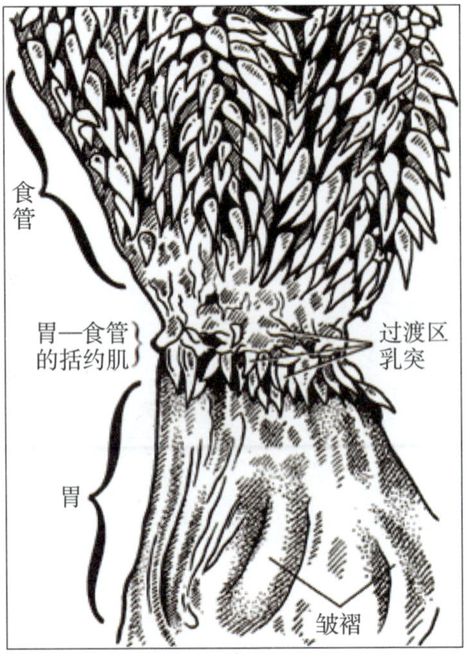

a b

图12-3 食道及胃的内表面

几乎整个食道内的乳头状突起角质化，末端尖锐；在胃—食管的括约肌处，有数个平坦的过渡性乳突，没有角质化。括约肌后侧，胃内表面非常平滑且无乳突。

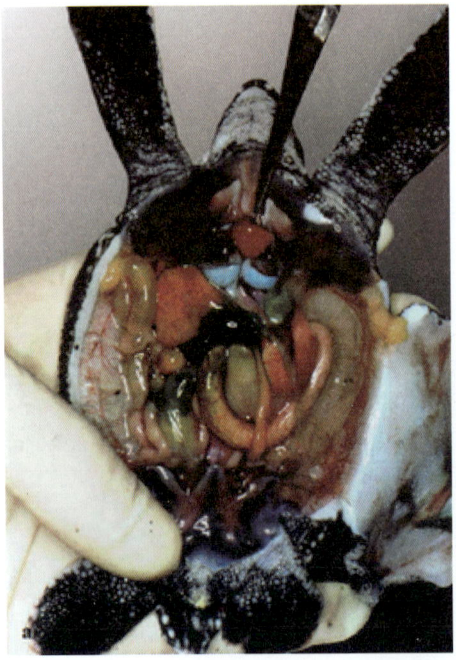
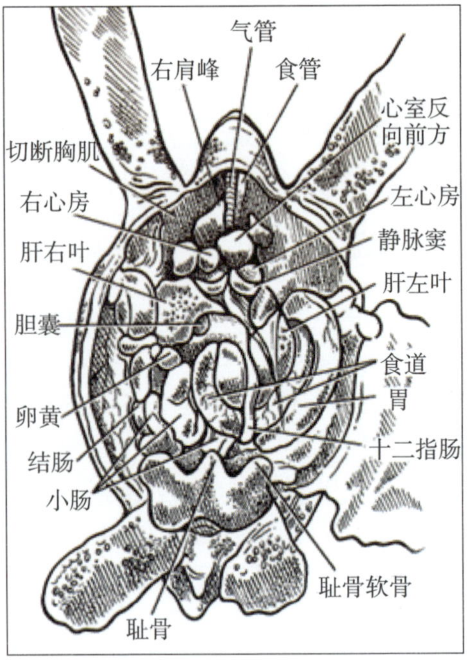

a b

图12-4 棱皮龟稚龟的内脏及心脏腹面观

该个体呈现极长的食管、大的胃和小肠。体右侧有剩余的卵黄，卵黄可存留到稚龟开始吃食。其喙突已切除，肩峰突反向前以便提供一个清晰的视野。心室推向前暴露出注射了乳胶的静脉窦。

胃位于躯体左侧，通过2条韧带与肝左叶、左肺相连。胃体平滑，结束于幽门部，与胃肌不同，幽门括约肌在通常状态下收缩(图12-5)。胰脏从幽门沿十二指肠到胆总管(图12-6)，胰脏和胆总管(来自胆囊)释放消化酶到十二指肠，胆总管通过肝胰管壶腹部(胆管乳突，位于十二指肠内表面)进入十二指肠，其位置可通过绿色胆汁污染来确认(图12-6、图12-7)。除非是最大的龟，否则胰管很难确定，它与胆总管并列进入十二指肠。

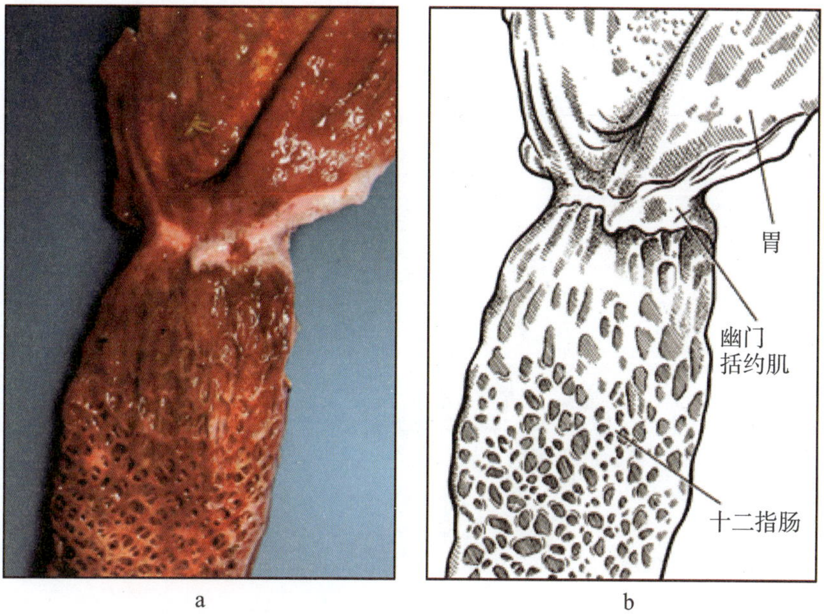

图12-5　胃及十二指肠的内壁

胃和十二指肠被一短的括约肌分开，即幽门括约肌。胃内壁平滑，而十二指肠内壁具纹理结构。在棱皮龟及绿海龟的十二指肠及空肠内，有相互重叠的隐窝，内含黏液。

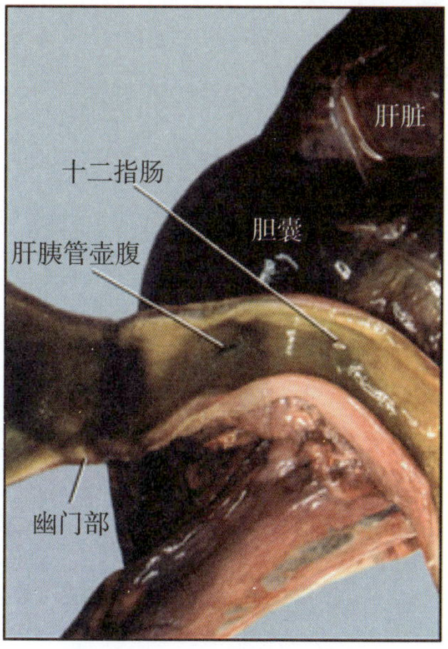

图12-6　十二指肠纵切面

胆总管在乳突处(学名：肝胰管壶腹)开口入十二指肠。

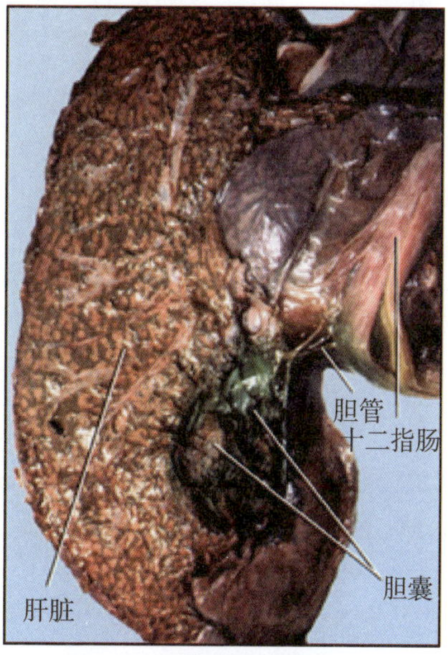

图12-7　经肝和胆的纵切面

去除胆囊背壁，显露出到十二指肠的胆总管。

胃内壁平滑，而十二指肠内壁具纹理结构，有许多重叠的小腺窝，内含黏液。这种“蜂窝状”的结构增加了十二指肠的表面积，该结构在绿海龟和棱皮龟中很发达，在食肉和杂食的种类（蠵龟、丽龟和玳瑁）中不明显。小肠的十二指肠到空肠及回肠的过渡部分通常很难分辨，最好是通过组织学检查。回肠到盲肠的转变比较清晰，回肠终止端有肌肉质括约肌。大肠的起始端叫盲肠，是一个膨大的袋状结构（图7-12），绿海龟的盲肠比其他海龟的更加明显。结肠比盲肠稍微狭窄一些，上面有几条肌肉带，但收缩力弱，向后逐渐变细成肌肉质的直肠。直肠常带有颜色，肌肉壁厚且有褶痕（图12-8）。

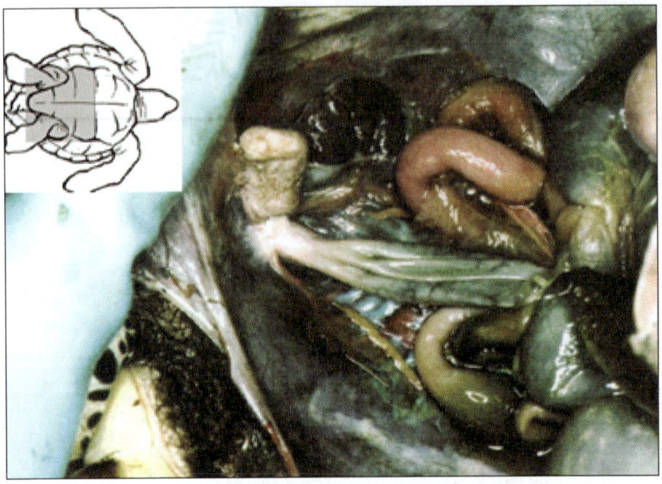

a

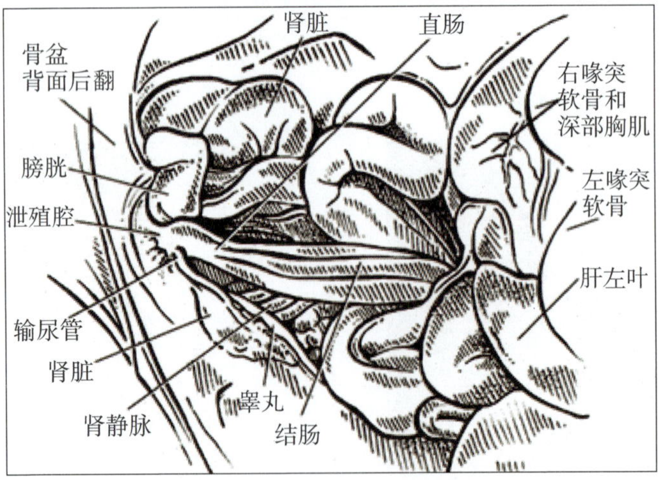

b

图12-8　海龟后部内脏腹面观

与泄殖腔相连的直肠变窄，膀胱连通泄殖腔下底。位于背侧的肾脏产生尿，并注入泄殖腔背侧。肾内侧有几条肾静脉，这个未成熟雄龟的睾丸仍附着在腹膜上（在解剖学上，睾丸位于肾的腹侧）。

直肠排泄废物进入泄殖腔（图12-8）。泄殖腔还从肾脏收集尿和卵子或精子，其腹部还连接膀胱。泄殖腔有多种功能：一是从直肠收集食物残渣的粪道作用，二是输尿管经泌尿乳突与膀胱颈口相通，三是起到连通（邻近）生殖管并与交配有关的生殖（肛）道作用。

十三、腺体　Glands

腺体通常有小叶，有管或无管。腺体与产生氨基酸和固醇类激素有关，这些物质形成皮肤覆盖物（蜡）、酶或荷尔蒙（激素）。腺体或起源于皮肤及其衍生物（来源外胚层）、或来自更深的结构（来源中胚层）。下面讨论腺体的部位和功能。

盐腺（salt gland）是海龟头部最大的腺体（图7-6、图13-1），位于眼眶后方的背侧。这种腺体在所有海龟中都很大，特别是棱皮龟的盐腺更大（图13-1）。盐腺负责排除体内过多的盐分。在眼的前方，有一个小的腺体叫**哈氏腺**，起到润滑眼球的作用。海龟像绝大多数低等水生脊椎动物一样，缺少**口腔腺**。

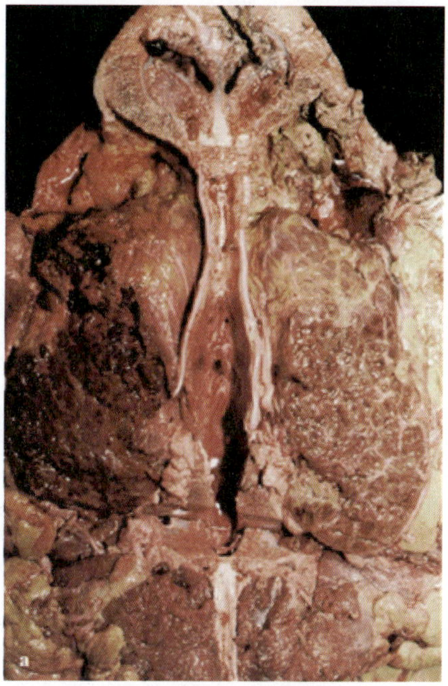

a

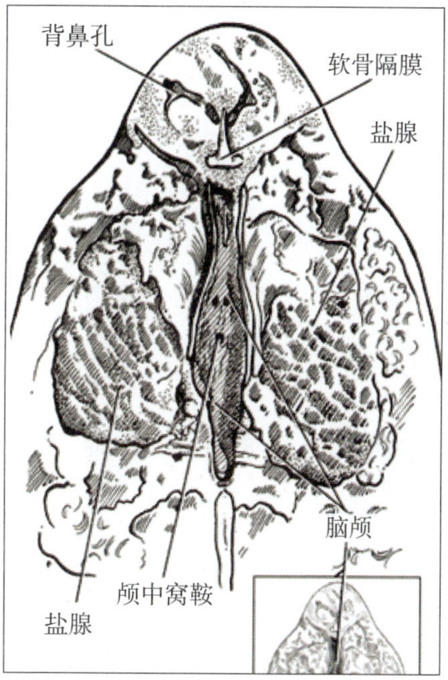

b

图13-1　棱皮龟的盐腺及脑壳背面观

体积极其大的盐腺占据了颅骨的主要空间，脑已移除，剩下具颅中窝鞍的脑壳，并保留着脑垂体。

无管的**松果体**（脑上体）位于大脑背部，与脑壳内表面间接相连。在海龟科，松果体位于额顶鳞下方深处，在棱皮龟科是那个“粉红色”点（“神经系统”，图14-7、图14-8、图14-10，图14-12～图14-15）。松果体负责调节生物节律。

脑垂体在脑壳底部的颅中窝鞍空腔里（“神经系统”，图14-4），分为神经垂体和腺（性）垂体两部分。神经垂体产生释放激素（例如催产素）和释放抑制激素（如抗利尿激素），而腺垂体分泌生长素、泌乳刺激素、促甲状腺激素、促性腺激素、肾上腺皮质激素、促黑色素激素。

再向后是几个起源于胚胎咽囊的腺体。这些无管腺有**甲状腺**、**胸腺**、**甲状旁腺**、**鳃后体**等内分泌腺。它们都位于颈部腹侧和体上部。**甲状腺**位于肩峰中间(图7-10、图13-2),循着头臂干向上到甲状腺动脉,不久分叉形成锁骨下动脉。甲状腺包围在相连的组织中(图13-2),连通甲状腺动脉。甲状腺是圆形的,表面常有一薄层脂肪。新鲜标本的甲状腺呈鲜红色,然而,冰冻后又融化的标本,或开始腐烂的标本,甲状腺会变成褐色。新鲜的或刚冰冻的标本,甲状腺质地呈凝胶状;腐败的标本,甲状腺液化溶解。当爬行动物的体温超过最适温度时,甲状腺的增加与耗氧量有关,它的另一功能是促进性腺成熟。

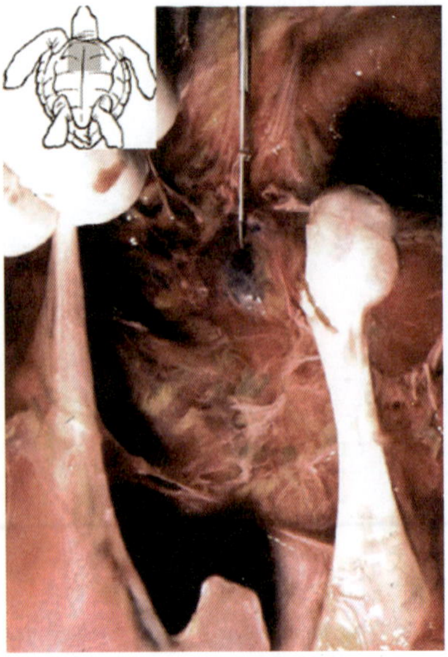

图13-2 甲状腺腹面观

甲状腺在肩峰突内侧,如图所示,指针尖端,呈深色圆形状。

胸腺的位置可以通过一直追踪锁骨下动脉和触诊感受硬度来确定(图13-3、图13-4)。它们毗邻锁骨下动脉,位于心脏前端、甲状腺两侧。胸腺是平滑的卵圆形组织。

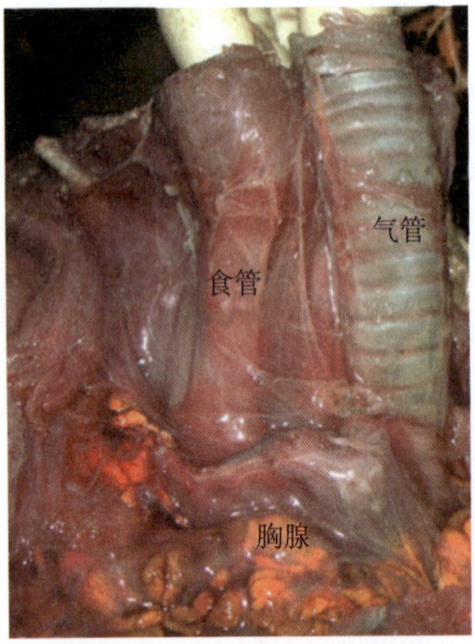

图13-3 颈部结构腹外侧观

胸腺位于气管(具软骨环)及食管位置,胸腺分叶在图片底部。

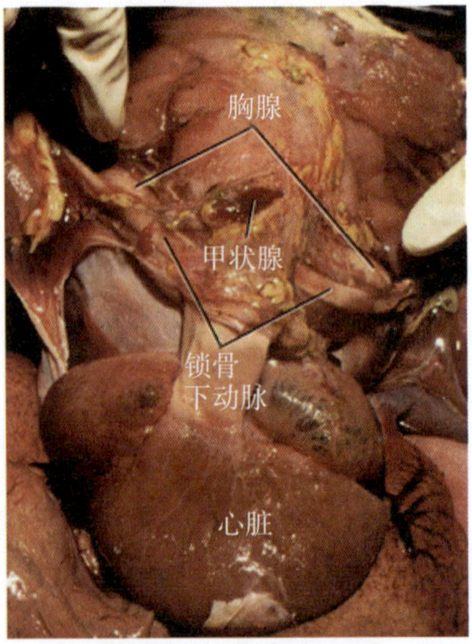

图13-4 胸腺的腹面观

胸腺正好在指尖下方,毗邻锁骨下动脉。它们在心脏前方、甲状腺两侧、大血管前面的卵圆形组织。

甲状旁腺和**后鳃体**较难辨别,只能通过组织学方法来区别(图13-5)。它们非常小,颈动脉和腹侧颈动脉是确定甲状旁腺和后鳃体最好的界标,通常甲状旁腺更靠前一些,而后鳃体则靠后一些。两者呈棕色或深粉红色。最好通过触摸确定:它们是圆形、致密的腺体。然后剖开仔细分析。这两种腺体具有拮抗作用。甲状旁腺释放甲状旁腺(激)素，刺激储存库(通常是骨骼)的钙、磷代谢。后鳃体释放降血钙素，可以降低血液中钙、磷的水平。

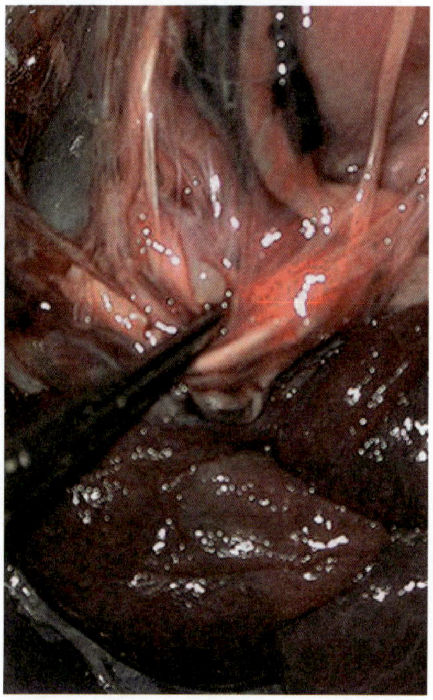

a

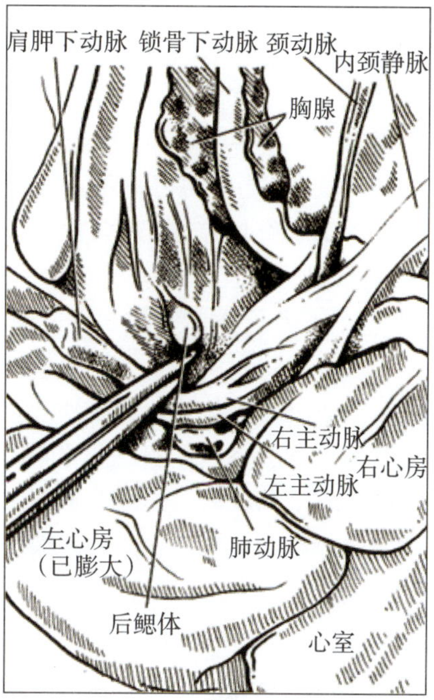

b

图13-5 后鳃体腹面观

颈动脉和腹侧颈动脉是位于甲状旁腺及后鳃体最好的界标。这些腺体与动脉背面的结缔组织有联系，每侧各有2～4个。大的胸腺，在锁骨下动脉深处，见图顶部附近。

肝脏是最大的内脏器官，位于腹侧、胸廓和腹膜深处(图13-6)。肝的左右两叶位于心脏的侧面和背面，两叶接受来自肝门系统的血液。肝呈深棕色至红棕色，由两叶组成，两叶间由一到多个肝组织带相连。右肝下面有胆囊，通常肝右叶比肝左叶(图13-6)大。肝脏富含血管，它接受肝门静脉和肝动脉的血液。身体的血液经肝静脉排入静脉窦。

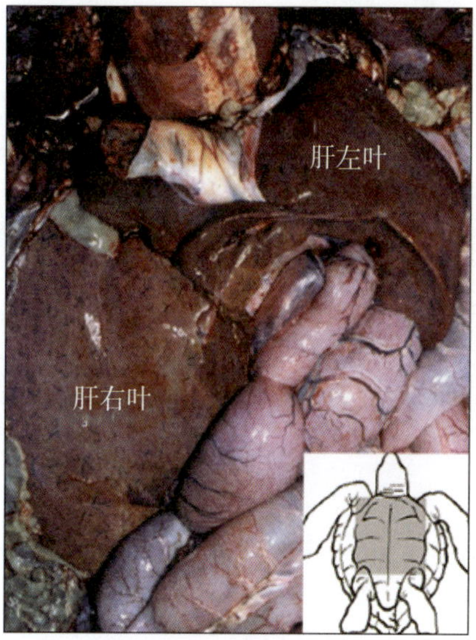

图13-6 绿海龟的肝脏

肝左、右叶位于心脏外侧、略背方，二者接受来自肝门静脉系统的血液。

肝脏包含许多小叶内胆管和肝细胞索，肝脏制造的胆汁由小叶内胆管流入胆囊。当消化管摄入脂肪时，胆囊贮存的胆汁经胆总管注入十二指肠。胆汁起到乳化作用(胆汁中不含消化酶)，将脂肪乳化成脂肪颗粒，方便吸收。脂肪酶主要来源于胰腺，可以将脂肪分解成甘油和脂肪酸，从淋巴管运走。

肝脏在糖类、蛋白质代谢及清除血液中的毒素等方面起到主要作用。从胃和小肠来的血液经肝组织过滤，其中的糖类、氨基酸和多肽就被降解了。其他一些肝细胞可制造血浆白蛋白和凝血因子等物质。

胰腺沿着十二指肠分布(图13-7、图13-8)，它是一个平滑且厚的组织，呈不规则条带，经胆总管，常终止于脾脏处。颜色从粉红色到橘黄色。胰腺是一种消化腺，同时也是一种内分泌腺体，分泌胰多肽酶、刺激胃液的流动；其他胰腺细胞分泌胰岛素，帮助葡萄糖进行代谢；一些胰腺细胞还分泌胰高血糖激素(高血糖因子)，促进糖原降解，增加血糖含量。

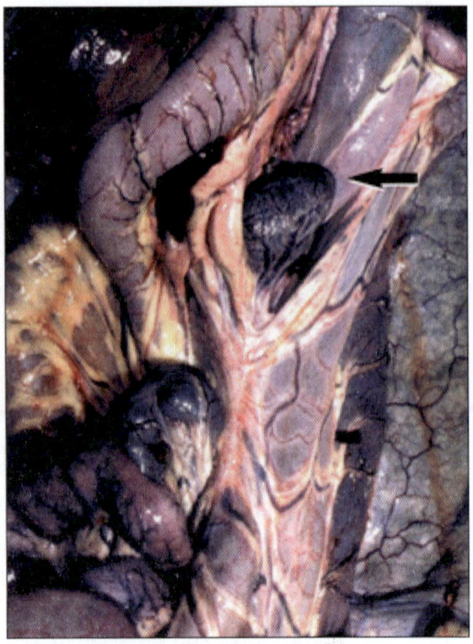

图13-7　胰腺背面观

胰腺背面有十二指肠(顶端)及胰脏，脾(箭头处)及部分肝右叶。

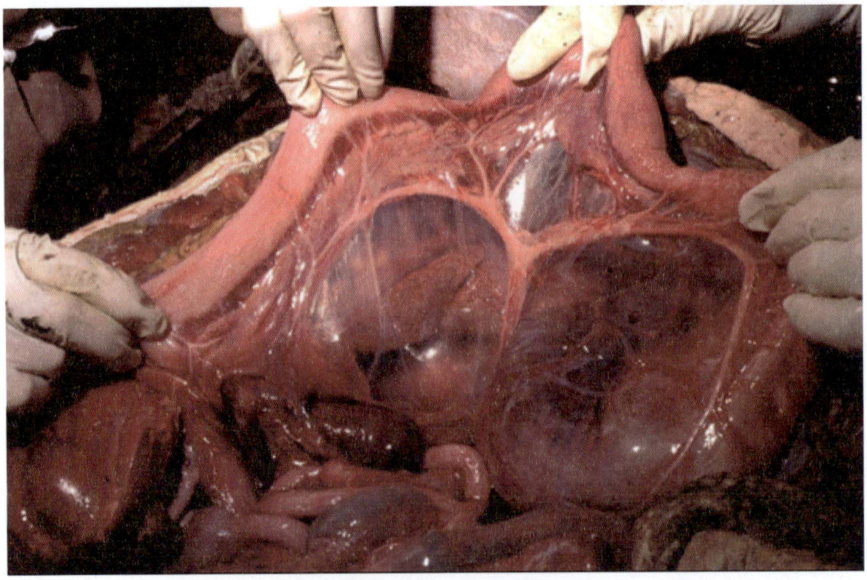

图13-8　蠵龟狭长的胰腺

胰腺位于十二指肠下，被肠系膜包住，一个大的肠系膜动脉分支供血给近端和远端的胰腺。在胰腺下方、小肠袢上方，可见深色、椭圆形的脾。

拉斯克腺位于太平洋丽龟的下缘盾深处(图13-9、图13-10)。**下缘盾孔**，丽龟的每一个下缘盾具有明显的下缘盾孔或拉斯克孔，此孔通向拉斯克腺，成龟具有发育良好的腹甲骨板，连接此孔的管道由骨围绕，在舌板和下腹甲上形成一列孔。拉斯克腺是灰绿色，包埋在脂肪中，其长度为从腋窝延伸到腹股沟前区域的下缘盾），拉斯克腺在玳瑁和绿海龟的腋窝后、腹股沟前的区域也有发现（图13-11、图13-12）。拉斯克腺在蠵龟和棱皮龟还没有发现。拉斯克腺显著时，不随生殖状况和季节而改变，其功能尚不清楚。有假说认为其分泌物起到多种功能，如种内的交流、防污和抵抗病原微生物的作用。

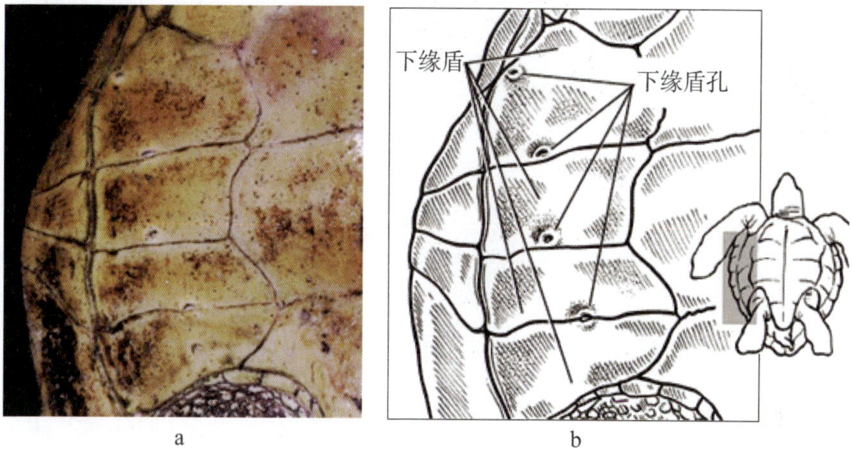

图13-9　丽龟的下缘盾孔

下缘盾孔，丽龟的每一个下缘盾具有明显的下缘盾孔或拉斯克孔，此孔通向拉斯克腺，成龟具有发育良好的腹甲骨板，连接此孔的管道由骨围绕，在舌板和下腹甲上形成一列孔。

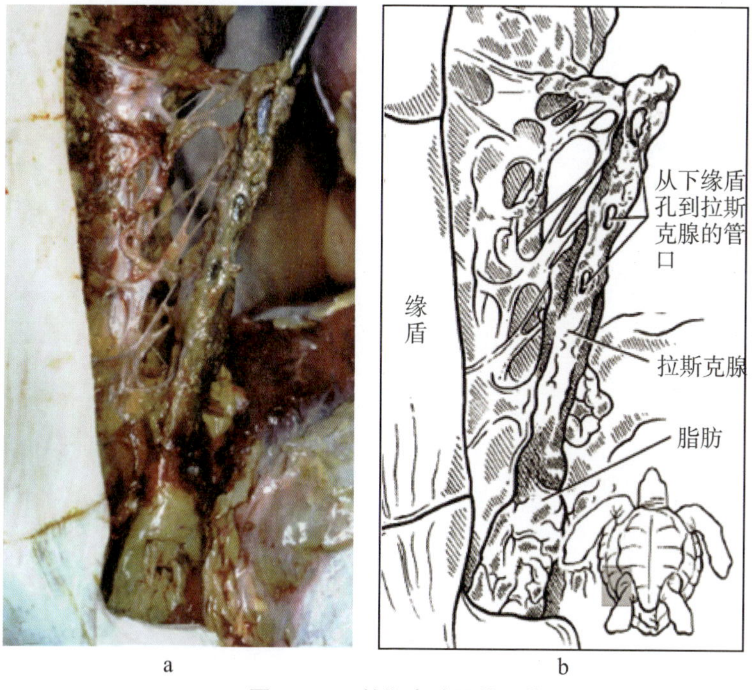

图13-10　拉斯克腺及其导管

移除腹甲，暴露出灰绿色的拉斯克腺及其导管。每一导管通向一个下缘盾孔（拉斯克孔），典型的拉斯克腺是灰绿色的，包埋在脂肪中，其长度为从腋窝延伸到腹股沟前区域的下缘盾。

在玳瑁和绿海龟也发现有拉斯克孔和拉斯克腺，它们只局限在腋窝后和股盾的最前方，拉斯克孔并非典型地延伸到整个下缘盾(图13-11～图13-14)。

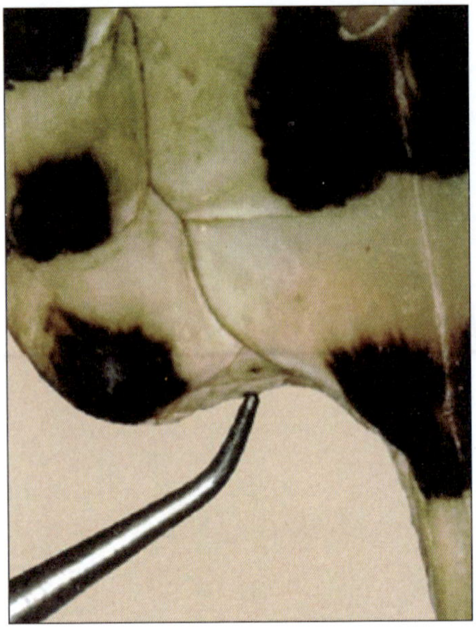

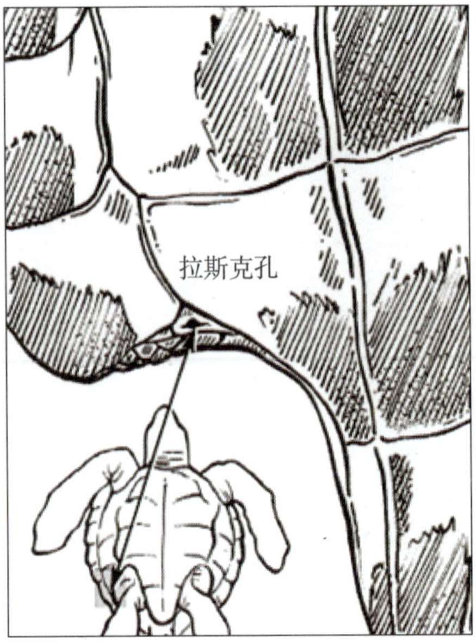

a　　b

图13-11　玳瑁后方的拉斯克孔(发现于最前面的胯盾上)

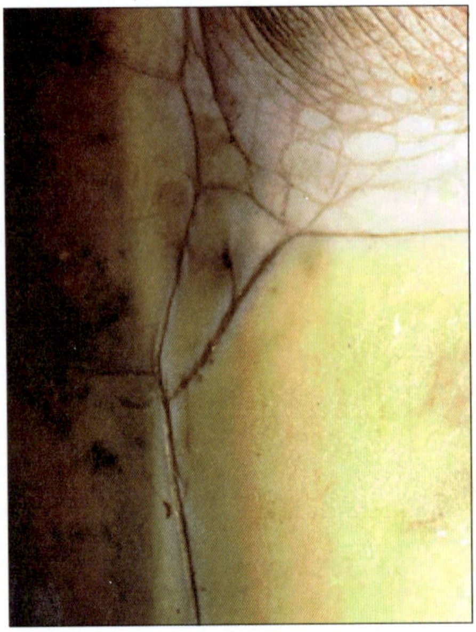

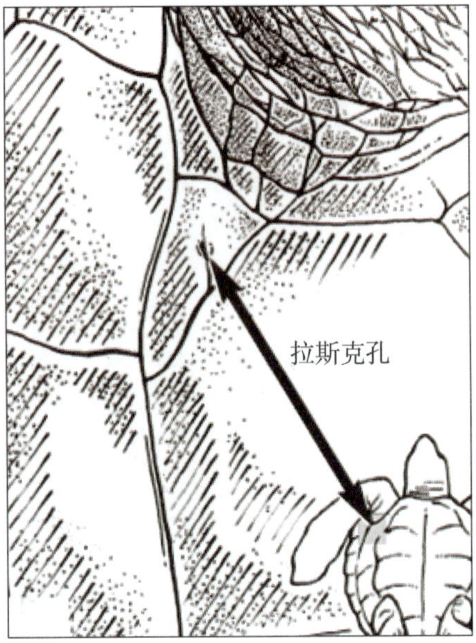

a　　b

图13-12　绿海龟前方的拉斯克孔(发现于最后方外侧的腋盾上)

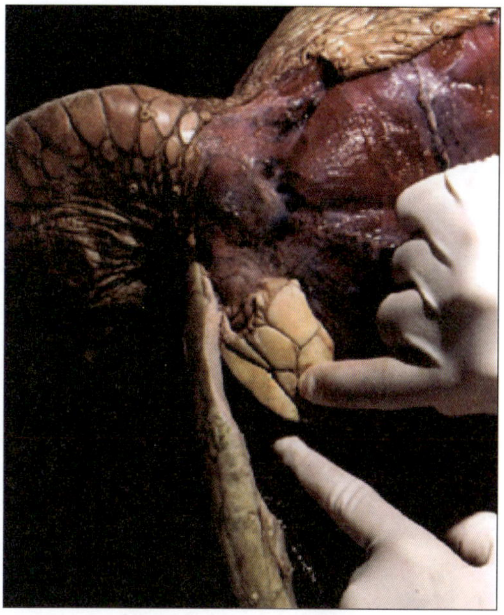

a

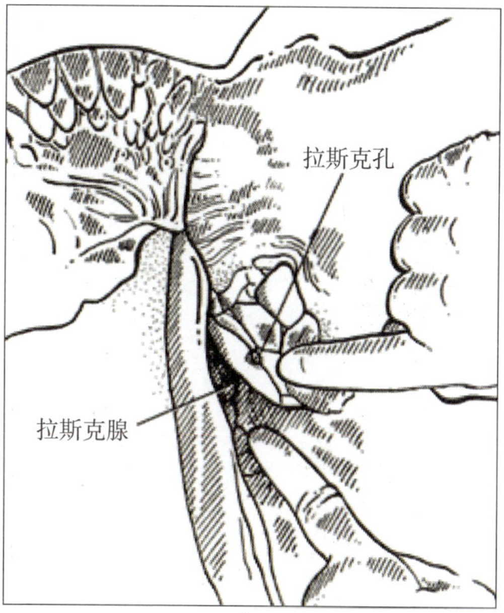

b

图13-13　绿海龟的拉斯克腺及拉斯克孔

移除腹甲后，可见绿海龟灰色的拉斯克腺包埋于拉斯克孔深处的脂肪中。

a

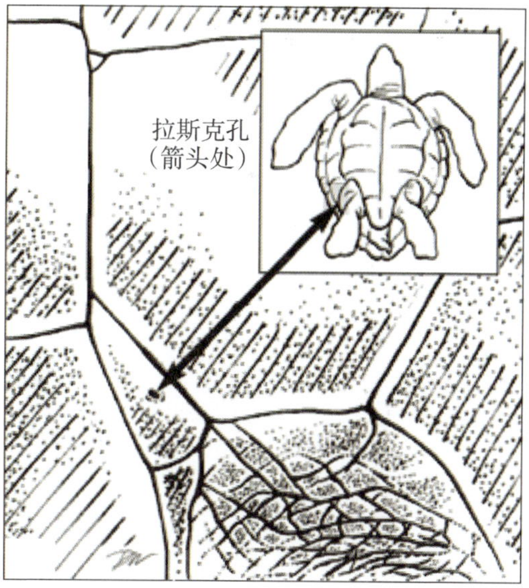

b

图13-14　绿海龟后方的拉斯克孔（发现于最前外侧的胯盾上）

肾上腺（图13-15）有一对，棕褐色至粉红色，位于背部大动脉两侧，通常在肾动脉前方。肾上腺一般位于肾脏前方近中线侧，它由胚胎时期的肾前方的孔发育而来。成对的肾上腺在前后轴上是细长的，其横切面呈卵圆形。它们由互相渗透融合的两种组织组成，一是产生肾上腺酮类固醇的肾间体，二是产生肾上腺激素（儿茶酚胺类的肾上腺素和去甲肾上腺素）。与哺乳类不同，这些组织没有形成清晰的皮质和髓质。

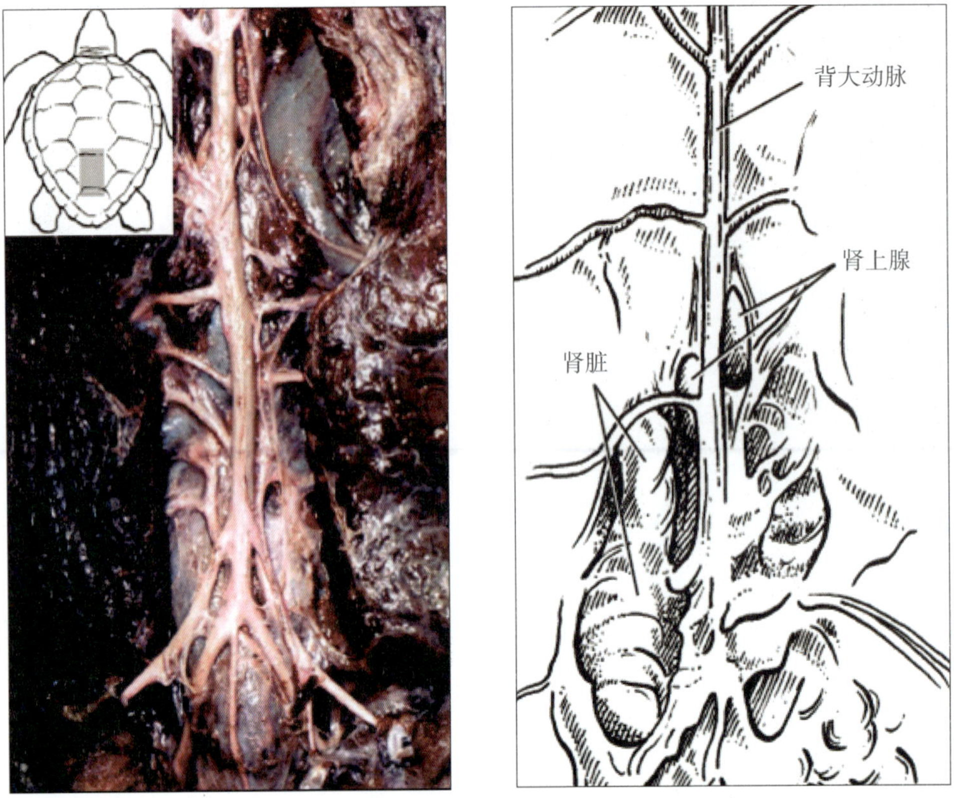

a　　b

图13–15　肾上腺背面观

显示其细长的形态及位置(正好在肾脏前内侧)。

十四、神经系统　Nervous System

海龟的大脑或中枢神经系统（CNS）纵向排列在颅骨中线（图14-1），脑容纳在管状的脑壳里，脑壳前面由以下骨骼组成：筛骨、上耳骨、前耳骨、后耳骨、基蝶骨、侧蝶骨和耳骨（图3-2、图3-6）。在后方，基枕骨、外枕骨、上枕骨完整地构成脑壳。颅顶壁由颅顶骨和额骨构成（图3-1）。

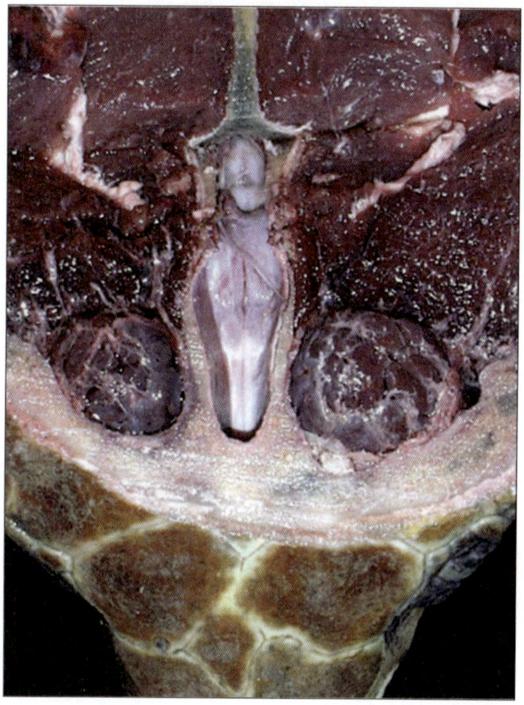

a

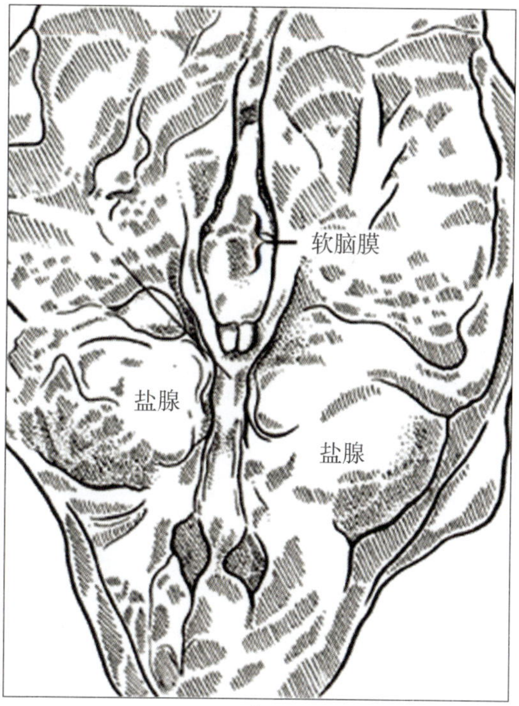

b

图14-1　暴露的脑及切断的脑膜（蠵龟）

由图可见硬脑膜的前后范围及软脑膜的部分血管，在活体中，这两种脑膜将脑包围。

脑膜有两层组织膜覆盖大脑。外面的一层脑膜是硬脑脊膜。更细致的网膜（有时叫软脑膜）直接位于大脑表面（图14-1）。在头盖骨里面有硬膜下腔（在硬膜之下）和硬膜外腔（在硬脑膜之外）。脑膜外静脉占据一些硬膜外腔。大脑沐浴在脉络组织产生的清澈的脑脊液中，脉络组织是大脑的血管区域（图14-2）。

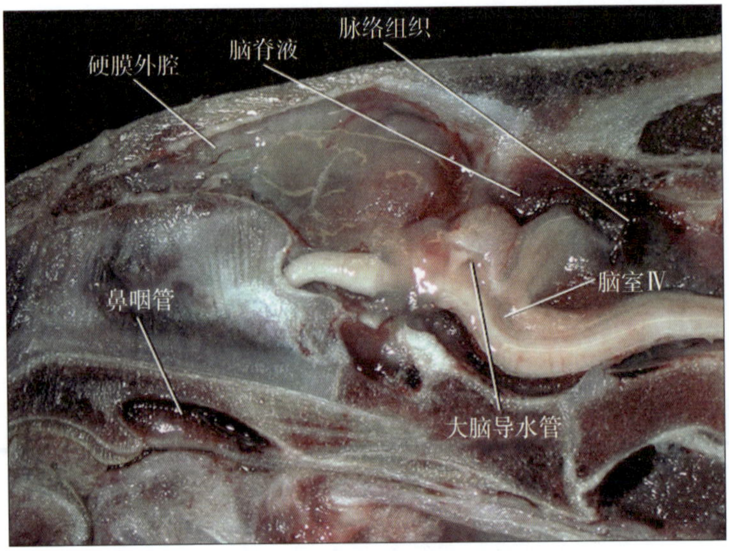

图14-2　绿海龟的脑及呼吸道的旁矢状切面

显示紧密的硬膜外腔和包围脑更大容量的硬膜下腔。因切口在中线右侧，故可见大脑脑室及部分小脑脑室。鼻咽管是呼吸系统的一部分，从嗅囊经过到内鼻孔。

大脑（图14-3）是由在发展期间最初有区别的三个区域来描述的：前脑、中脑及后脑。下面结合内外标记大致地区分这些区域。前脑从鼻部延伸至后方的大脑，中脑从眼延伸至视叶后部，后脑从耳延伸至小脑后部。这些区域依次从形态学和/或组织化学角度，再细分为一些重要的分区：前脑的端脑和间脑，中脑，后脑的末脑和延脑（图14-3）。

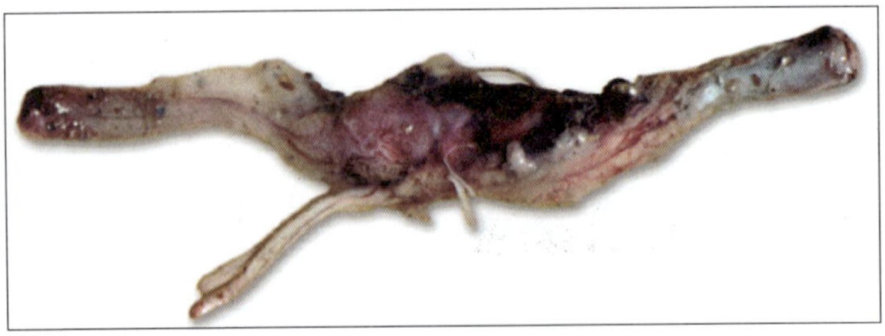

a

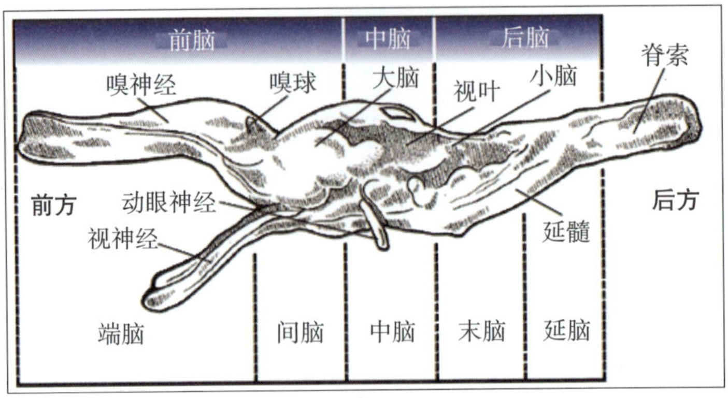

b

图14-3　棱皮龟脑的主要区域及重大结构

大脑的分区及其主要构成部分如下：

端脑：第Ⅰ脑神经（嗅神经）、嗅球、大脑半球和侧脑室。

间脑：下丘脑，丘脑，漏斗和垂体，松果体，视交叉，第Ⅱ、Ⅲ脑神经（视神经和动眼神经）。

中脑：视叶、第三脑室、中脑导水管、第Ⅳ脑神经（滑车神经）。

末脑：小脑、延髓前端、第四脑室、第Ⅴ—Ⅹ脑神经（分别是：三叉神经、外展神经、面神经、平衡听觉的神经、舌咽神经和迷走神经）。

延脑：大部分延髓，第Ⅺ、Ⅻ脑神经（脊副神经和舌下神经）。

在海龟成长期间，大脑形成一条管子。然后，它经历了相当大的区域特化、扭转、扩张，形成发现于成年海龟的结构。残存的神经管腔继续作为大脑半球的侧脑室、第三脑室和中脑导水管、小脑和延髓的第四脑室（图14-2）。

绝大多数脑神经起自腹面和侧面，当移除大脑时很容易观察到它们（图14-3～图14-5）。

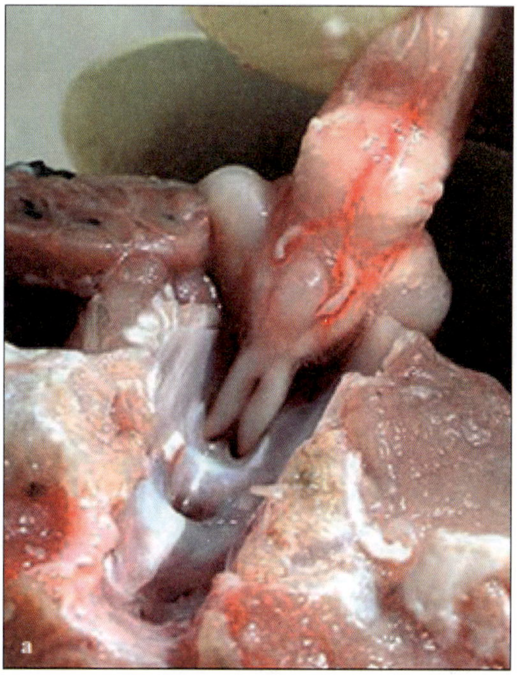

a

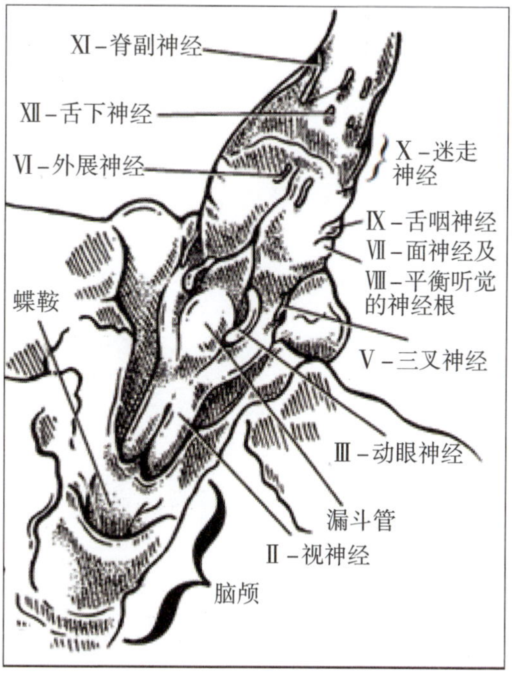

b

图14-4 丽龟脑的腹面

从颅骨后方来观察已翻向前背侧的脑。仅视神经及嗅神经仍与头骨相连，在脑颅底部的蝶鞍可见脑垂体切迹，而漏斗管已随其余的脑一起被切除。

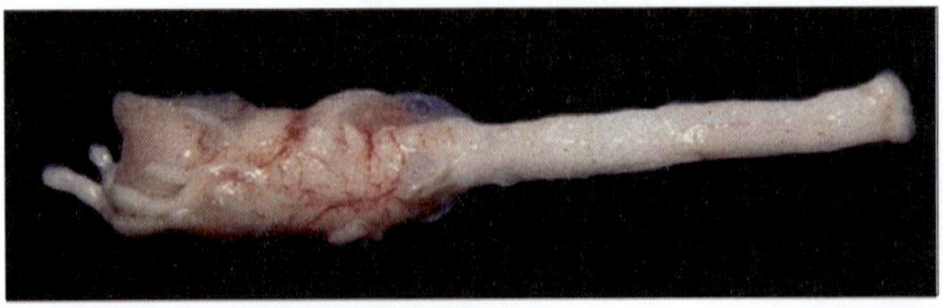

a

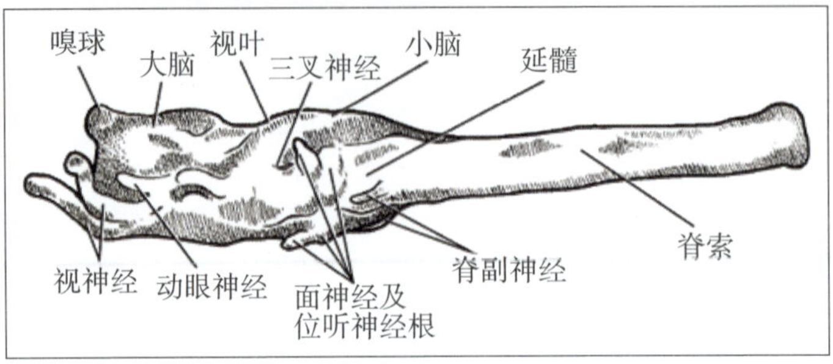

b

图14-5　无嗅神经的蠵龟脑腹外侧观

成熟及正在成熟的海龟脑与躯体比非常小。该蠵龟SCL长72cm，而脑仅不到10cm长。

海龟科与棱皮龟科相比，在鉴定大脑各部分的特定界标方面稍有不同(图14-6～图14-16)。在海龟科，肯普氏丽龟的大脑最接近头骨顶部，成年蠵龟和玳瑁的大脑最远离颅骨顶。头侧鳞片形状和耳的位置为某些结构提供特定种类的地标(图14-6)。棱皮龟的大脑埋藏在深处，除了松果腺延伸到圆锥状软骨腔背面，松果腺是一个头背中央表面附近的粉红色斑点(图14-15、图14-16)。

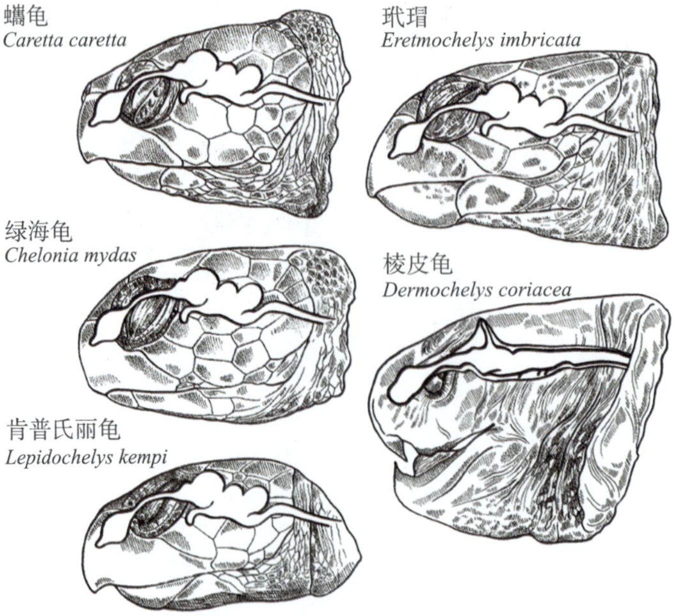

图14-6　五种海龟脑的位置轮廓图

头鳞、眼及耳的位置提供确认脑位的某些参考点。因所有检查的棱皮龟脑的状况不佳，其脑位更多是根据脑壳的形状来绘此图。

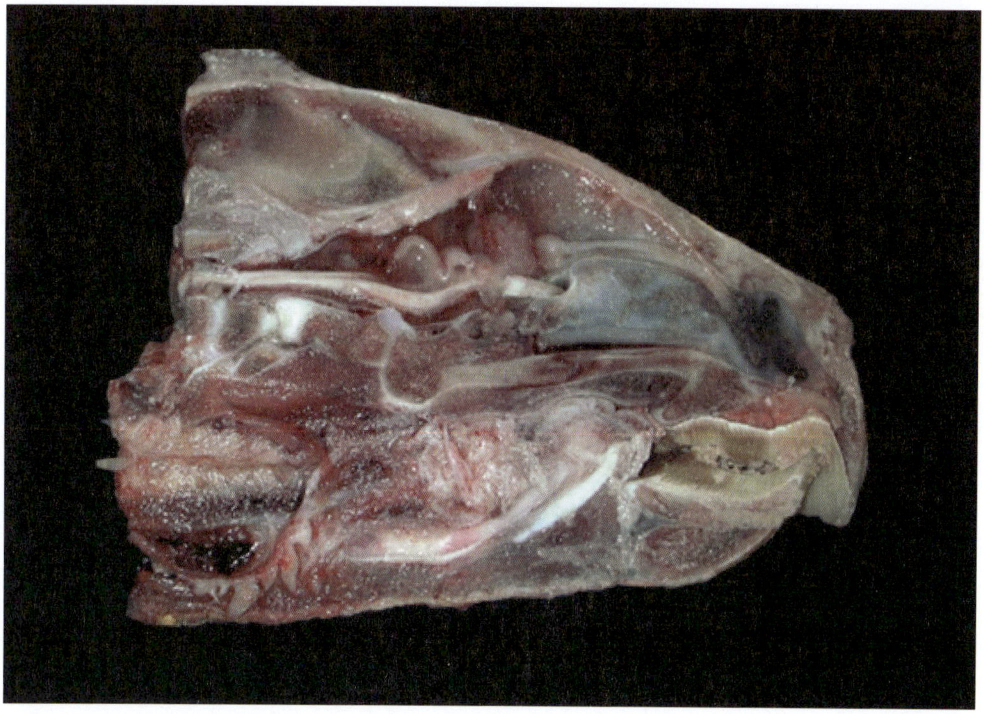

a

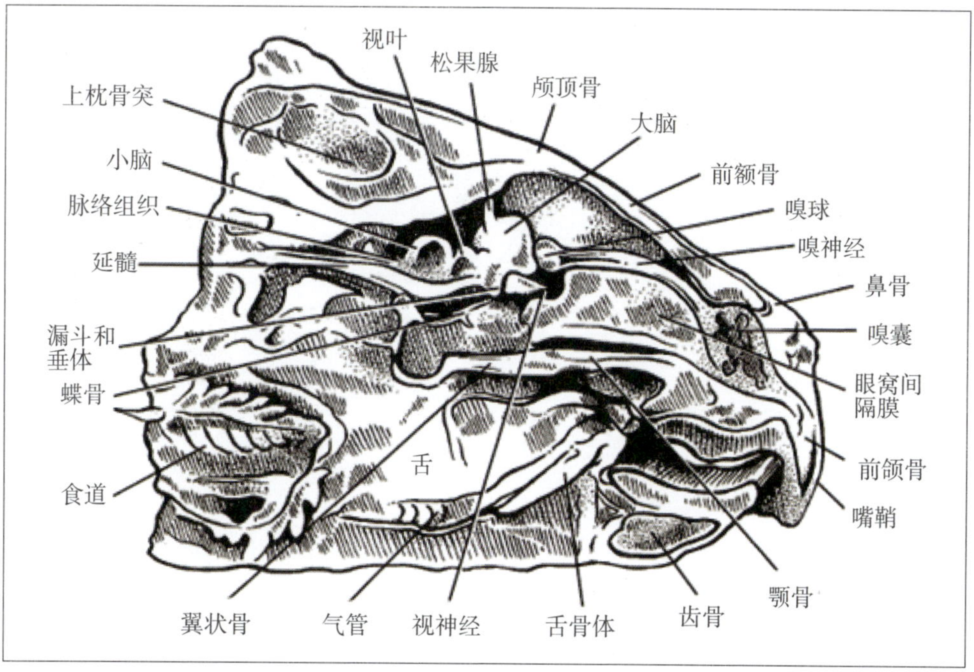

b

图14-7　蠵龟头骨的旁矢状切面

暴露的脑、呼吸道、口腔及食管，眶间隔完好无损，可见视神经穿过的孔。蠵龟的大脑及嗅神经上方有一个很大的硬膜下腔。

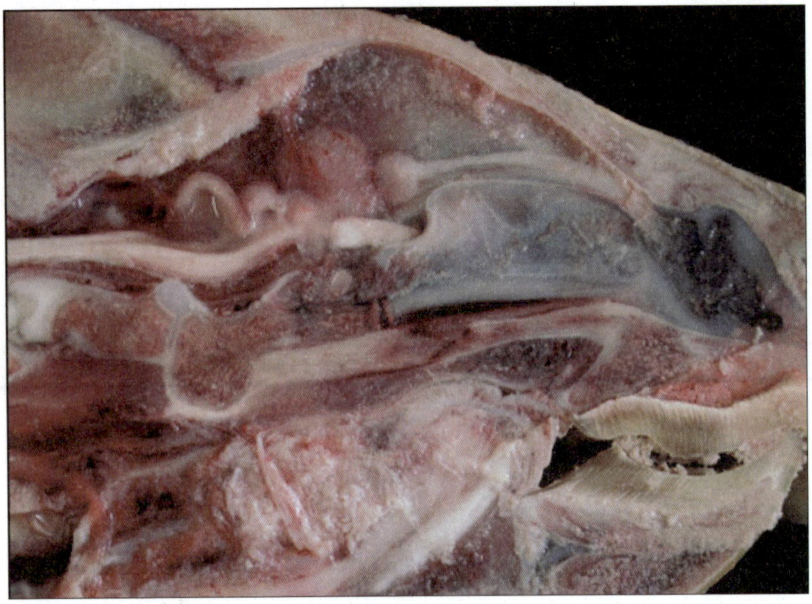

a

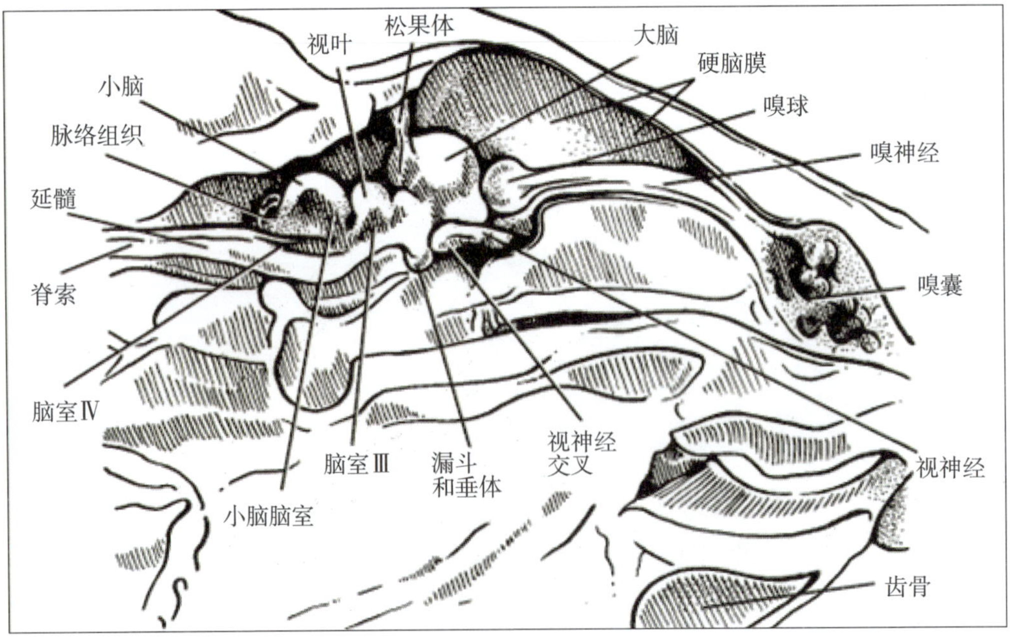

b

图14–8　蠵龟亚成体头骨的旁矢状切面（特写）

脑及其部件、容纳脑脊液的宽大的硬膜下腔相对于颅骨顶的位置，都清晰可见。侧脑室未暴露；第Ⅲ脑室及脑导水管在视叶腹部。小脑脑室是第Ⅳ脑室的一部分。漏斗管从腹侧通向垂体，脑垂体藏在一个叫蝶鞍的骨窝里。

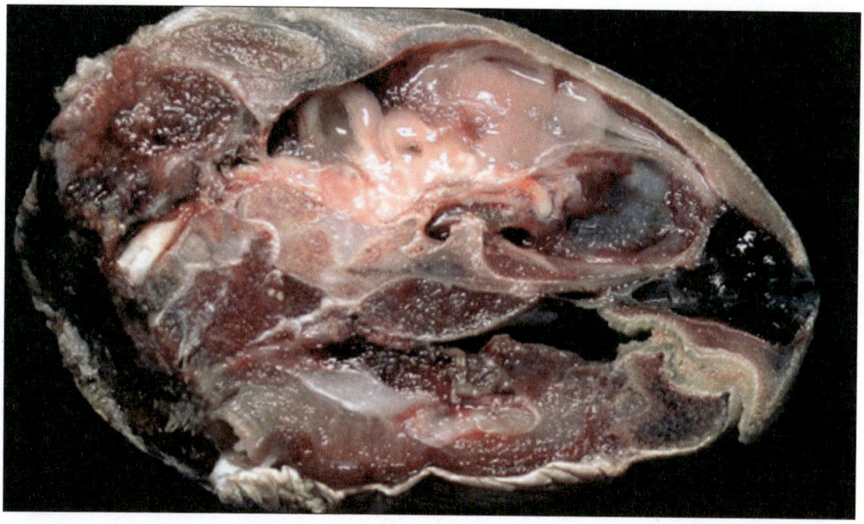

a

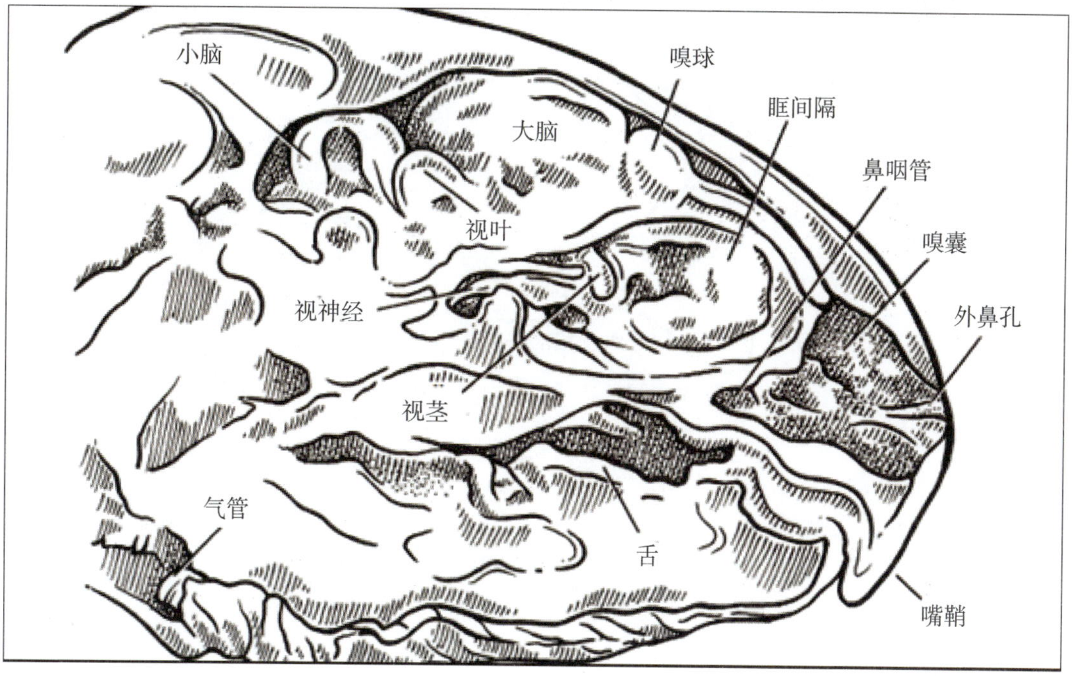

b

图14–9　未成熟绿海龟经头骨的旁矢状切面

显示中枢神经系统与其他海龟头部结构的相对关系。脑靠近头骨背侧。该切面去除了部分眶间隔，以显示颚骨背方、嗅囊后方的眼肌。可见到完好的嗅神经延伸到嗅囊。

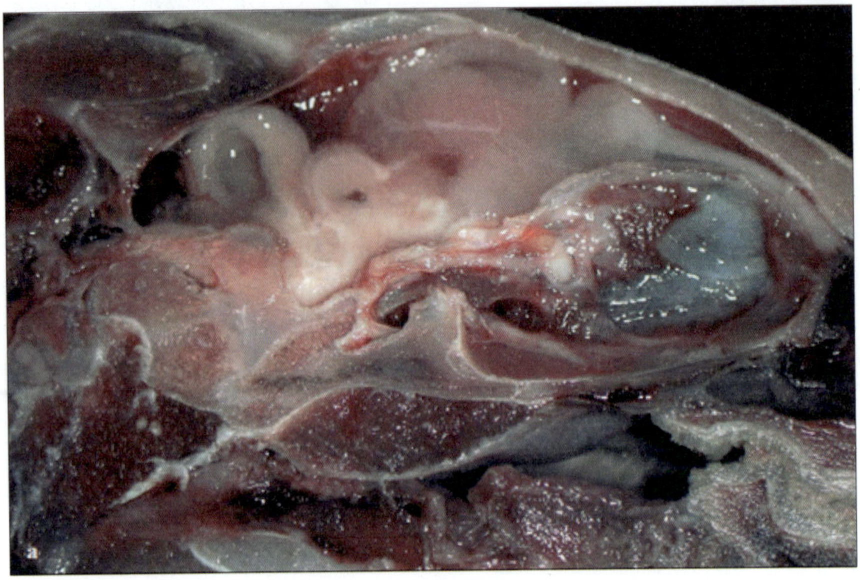

a

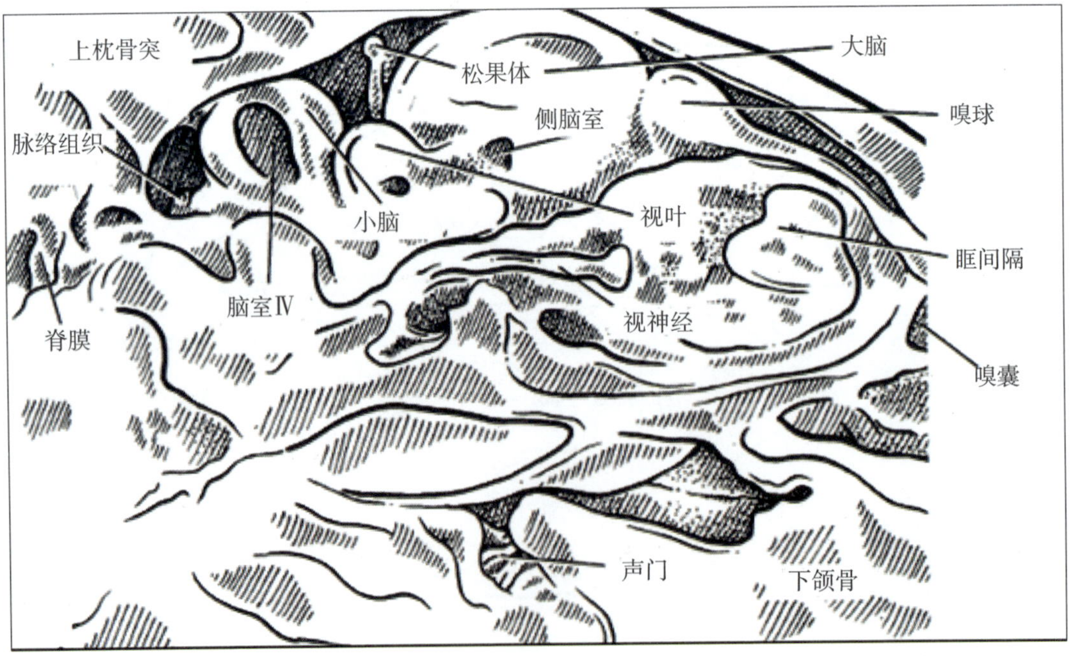

b

图14-10　亚成年绿海龟经头骨的旁矢状切面（特写）

绿海龟的脑非常靠近颅骨顶，此切面刚好暴露侧脑室，可见视叶内腹侧的脑导水管。

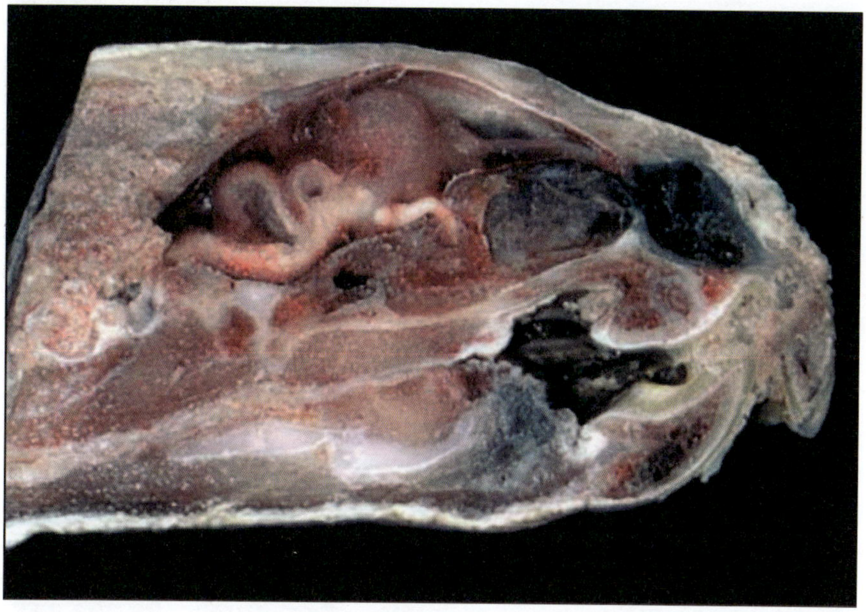

a

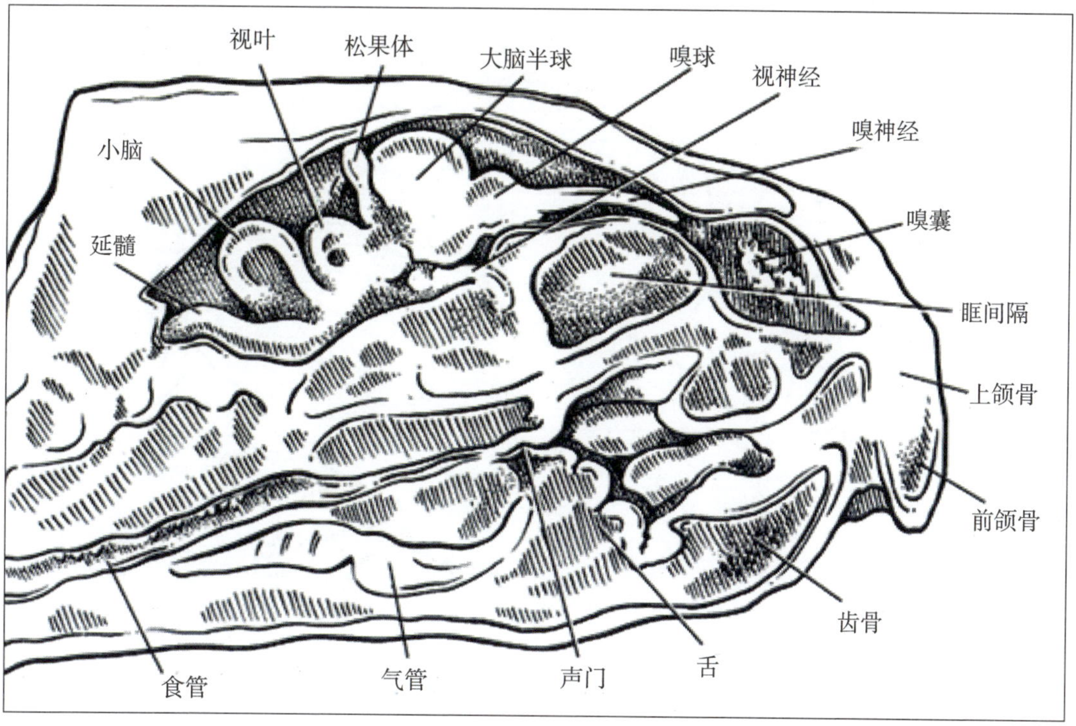

b

图14-11　未成熟肯普氏丽龟经头骨的旁矢状切面

这种海龟的脑前半部分轻微向背侧收缩。

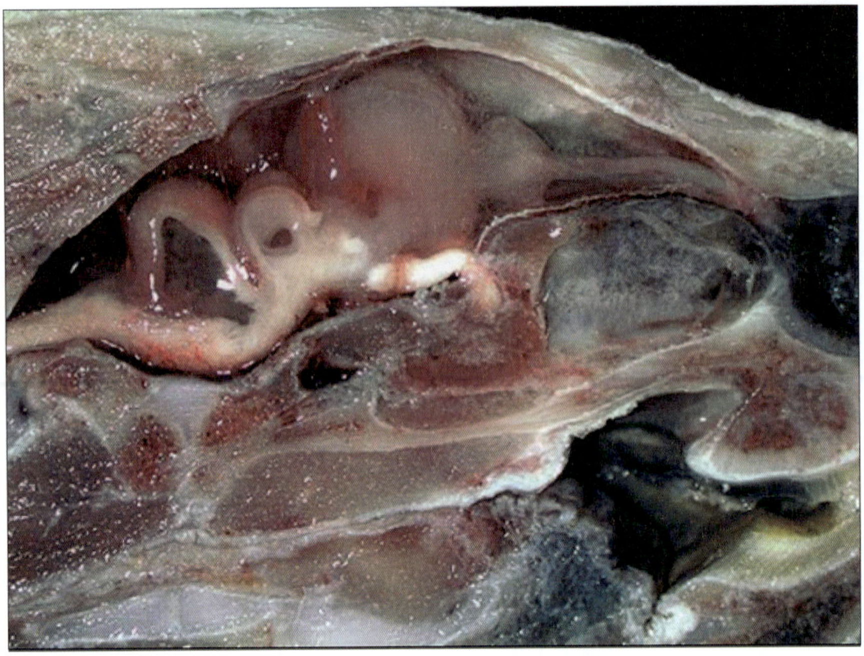

a

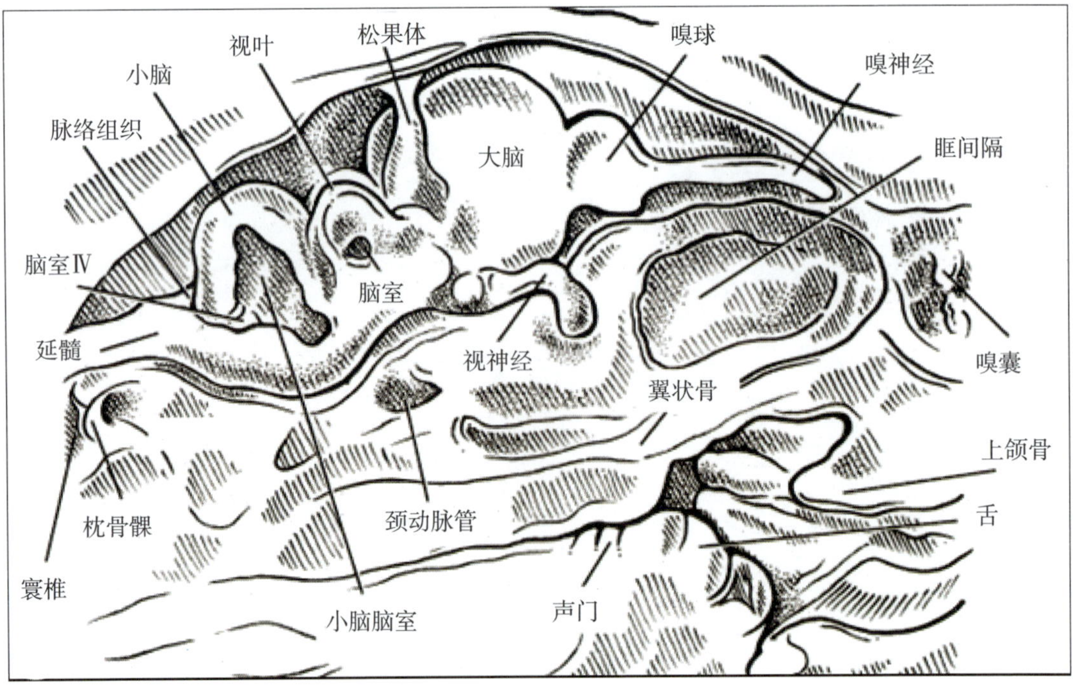

b

图14–12 幼年肯普氏丽龟近中线的脑矢状切面（特写）

丽龟的大脑半球比海龟科其他种更靠近颅骨顶。视神经交叉在视神经后端分为两叉。

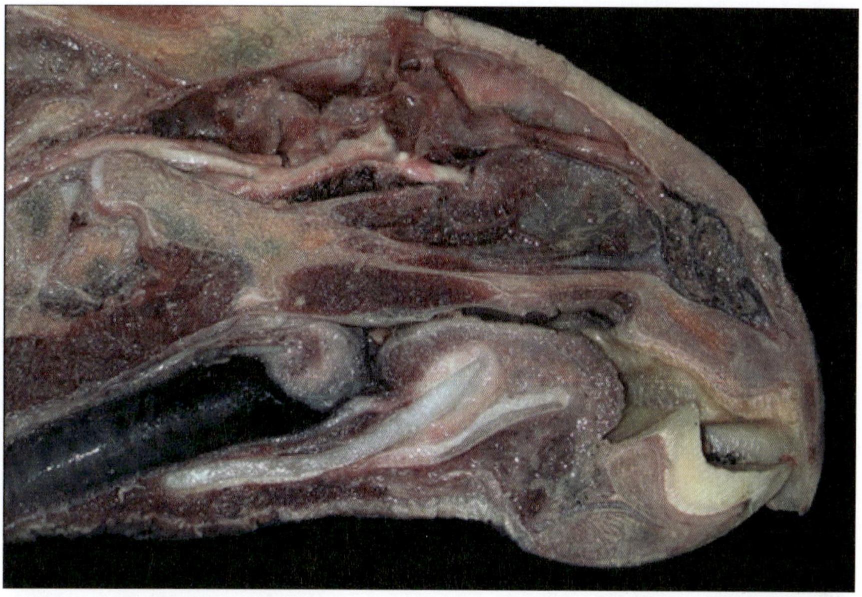

a

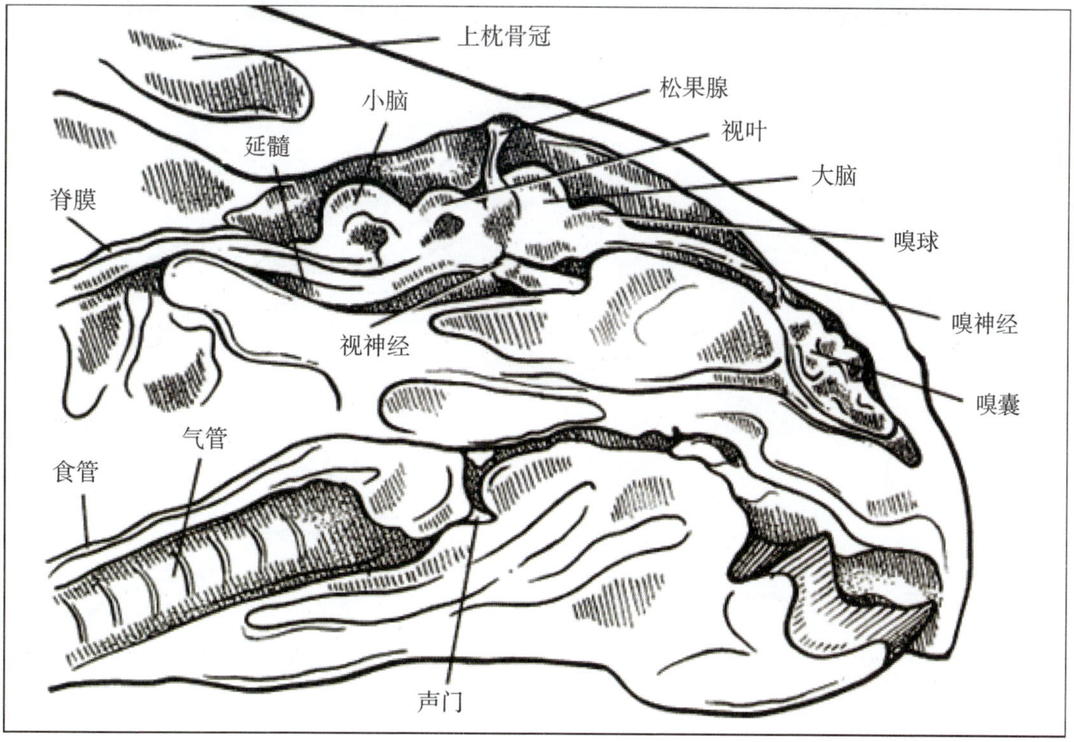

b

图14-13　玳瑁头部的矢状切面

该标本的脑已部分腐烂，食道已塌陷，但清晰地显示了松果腺、脊膜、气管及口腔。

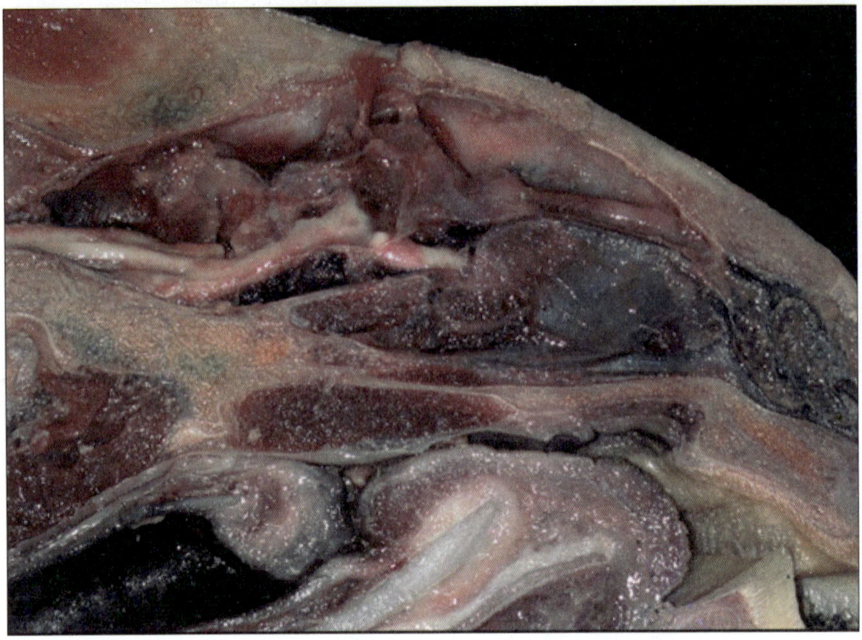

a

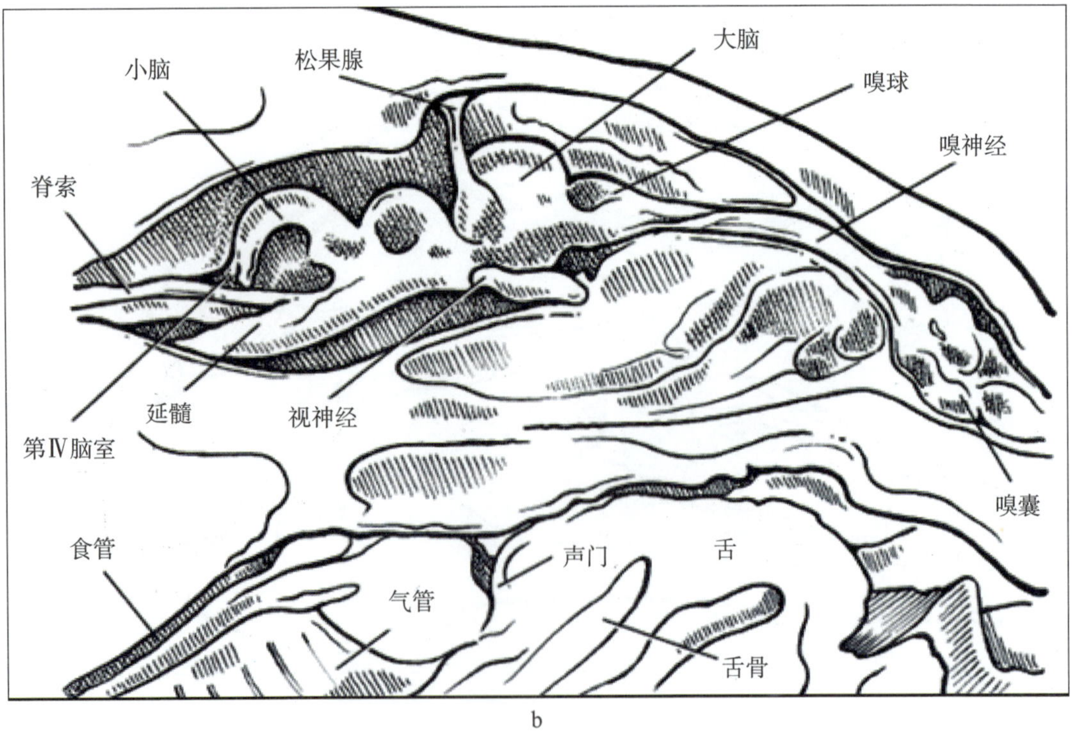

b

图14–14　亚成年玳瑁头部近中线的矢状切面（特写）

玳瑁的硬膜下腔较大，在舌骨支持下，舌、声门及气管清晰可见。

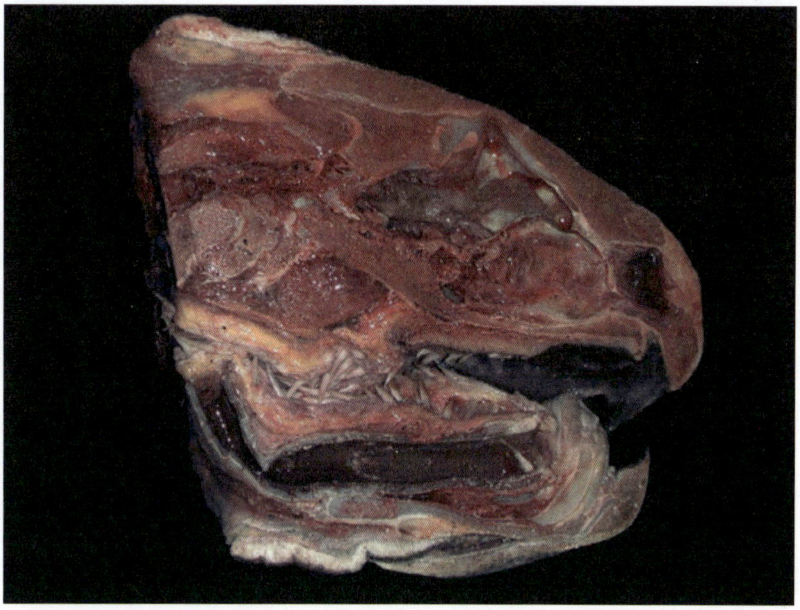

a

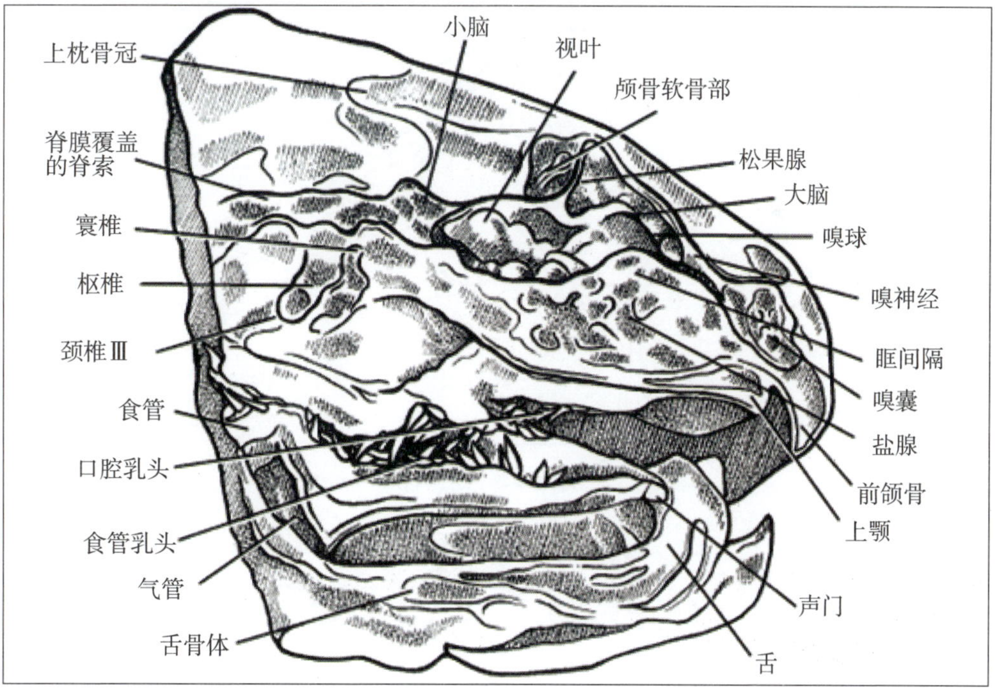

b

图14–15　成年蠵龟的头部正中矢状切面

在前脑及中脑的背前方，其脑壳有大量的软骨环绕。该脑已部分腐烂分解，可见极度肥大的盐腺有一部分延伸到眼的内侧。

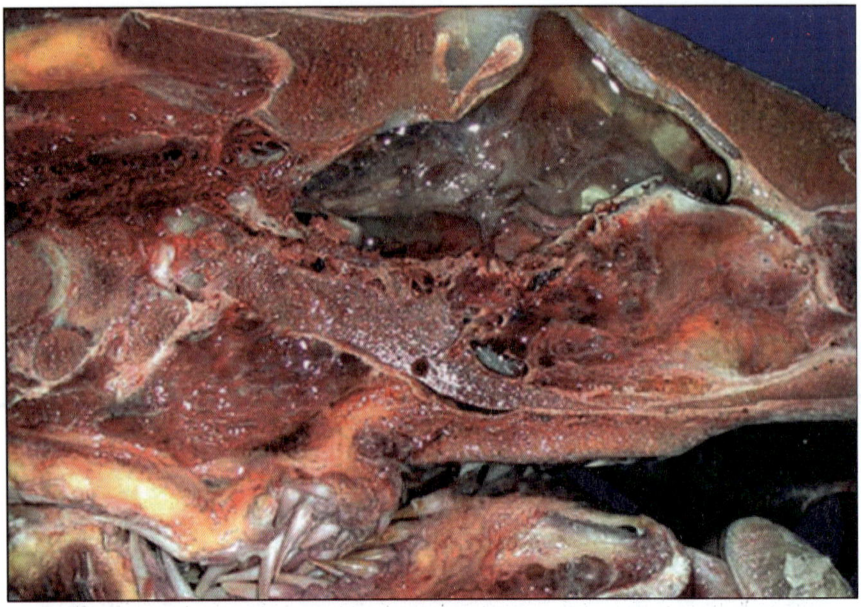

a

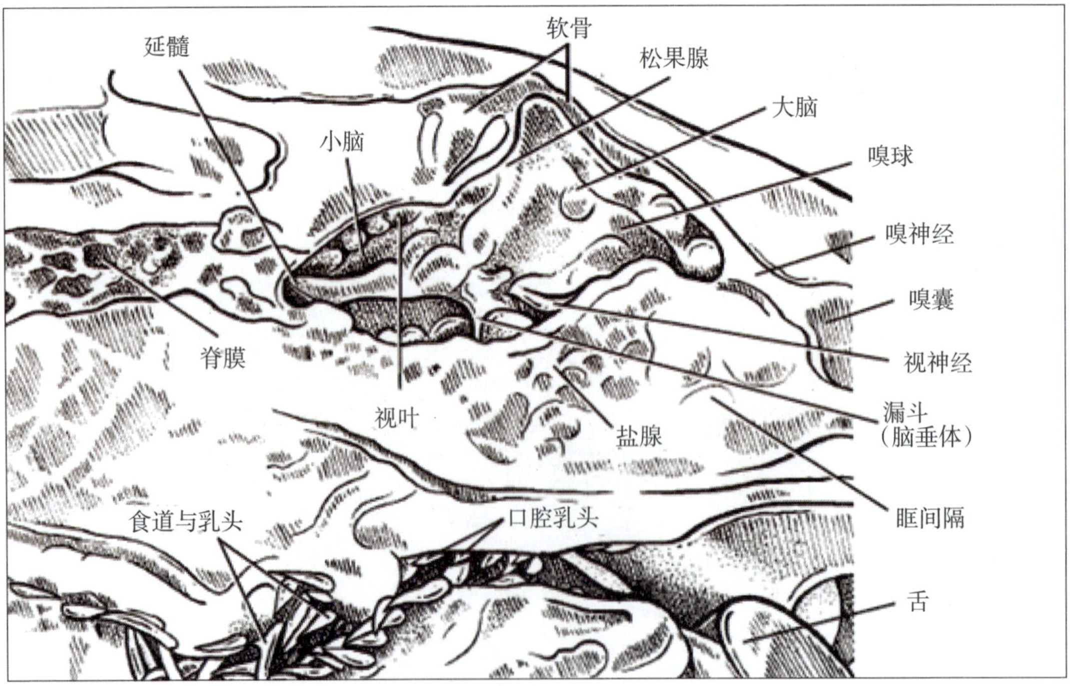

b

图14-16 成年棱皮龟头部正中矢状切面(特写)

脑已部分分解，但松果腺仍附着在颅骨顶，漏斗管也依附在垂体腹侧。脑壳具有大量的软骨是棱皮龟的特点。

大脑各部分相对大小的变化贯穿个体发育的始终。按身体比例来说，稚龟和幼龟的大脑大于亚成龟和成年龟的大脑（图14-17）。在亚成龟和成年龟中，嗅神经相对变长，大脑半球、视叶和小脑相对变小。

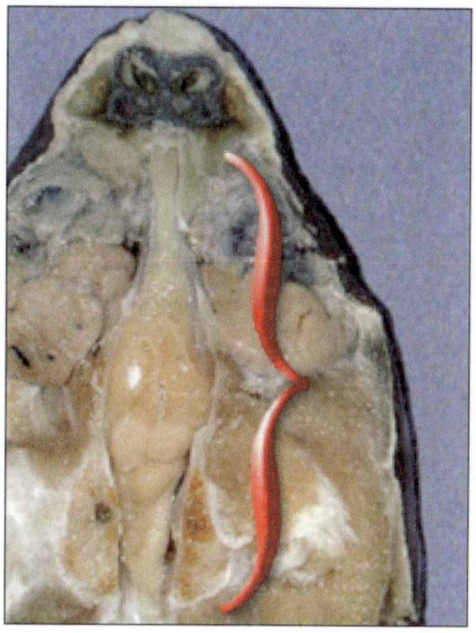

a

b

c

图14-17　稚龟和幼龟脑的背面观

显示相对于头部大小的脑负异速生长，稚龟具有不成比例的大的脑。

外围神经——脊髓神经形成周围神经系统。它们离开脊髓以成对的背神经根和腹神经根经椎间孔出脊椎骨。背根由躯体和内脏的感觉神经纤维组成，也可能包含运动神经纤维；腹根通常包含躯体和内脏的运动神经纤维，这些神经的功能是作为植物性神经系统。海龟的植物性神经系统由交感神经和副交感神经系统组成。然而，这并不是解剖学上的区域分隔，像在哺乳动物中分为胸腰部的交感神经系统区域和颅骶骨的副交感神经系统区域那样。因此，沿脊髓的长度发生的神经可同时具有交感神经和副交感神经的部分。

脊髓神经互相联系的两个网络系统——臂丛和骶丛（腰骶的）联合控制四肢，在海龟方面的文献中很少有关于它们的描述。在海龟科，臂神经丛和骶神经丛由腹神经根及其分支构成。海龟的臂丛（图14-18～图14-20）起自第Ⅵ—Ⅷ颈椎的水平。这些颈神经形成复杂的网络分布到胸肌、臂肌（肱部肌）和鳍状肢肌肉（表14-1），同样发出分支到呼吸肌。绝大多数肌肉接受来自神经丛的多个分支的神经支配。第Ⅵ神经的一根腹支分担了大部分正中神经。第Ⅶ和第Ⅷ神经升起到臂丛下神经，其立即分成桡神经浅支和桡神经深支到肩膀前部和鳍状肢背面。然后，喙骨上肌、肩胛骨下缘和尺骨的神经升起并行进到胸肌和鳍状肢腹侧。三角肌神经主要起源于第Ⅵ和Ⅶ神经。

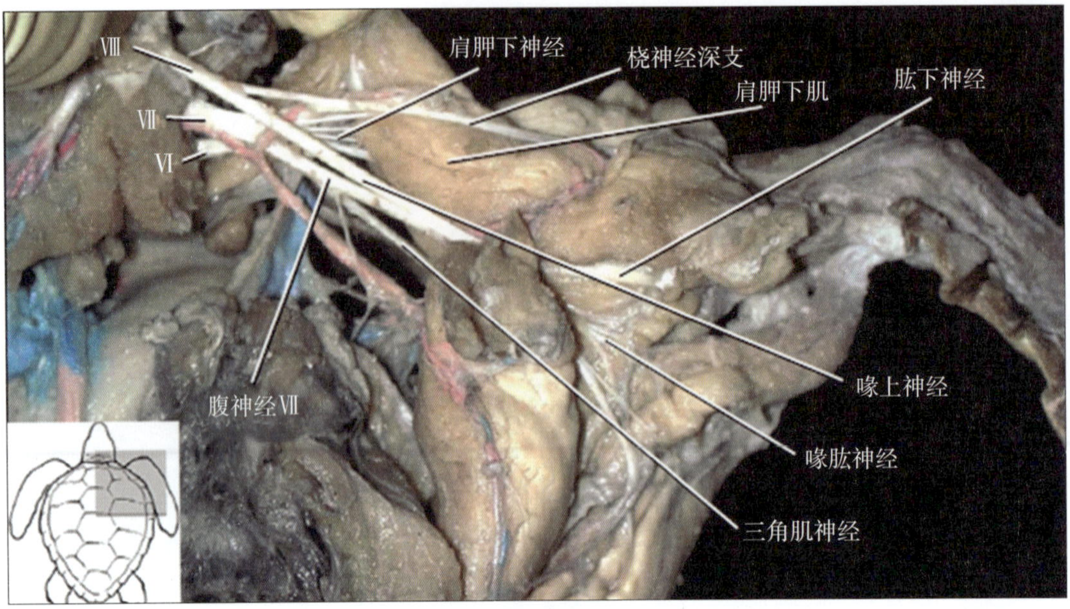

图14-18　玳瑁的臂神经丛背后观

臂神经丛起自最后的颈椎，这些神经分布到胸肌及前肢上。背甲及结缔组织已去除，其3分支出自椎间孔后立即经一系列分支，而彼此联系形成臂丛。

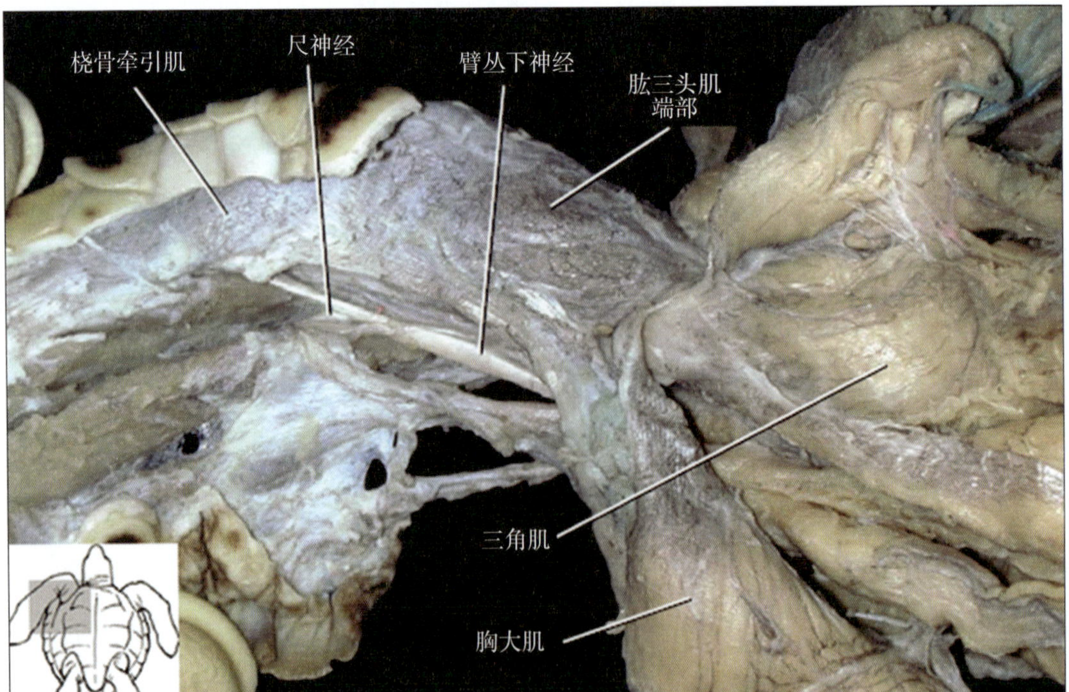

图14-19　玳瑁的臂神经丛分支腹面观

臂丛次级神经沿前肢腹侧前方行进，可见尺神经分支。另一个主要的臂神经，正中神经，位于前臂神经深处且看不到。

图14-20　海龟科的右臂神经丛图解

如图所示，3条臂丛的根部及其走向与前肢和肩肌的相互联系，向腹部分支到胸肌，深、浅二头肌及三角肌（粗线代表大的神经分支）。

至今还没有关于棱皮龟的臂丛和骶丛神经的描述。

骶丛神经（图14-21、图14-22）起自第XVII—XXI脊神经，在背部最后、骶椎位置，为4（有时5～6）支（分支）。这些神经相互联系并再分数次发出神经到腹股沟、骨盆和后肢的肌肉（表14-1）。更靠后的神经根升起到闭孔神经，到骨盆腹面肌肉和坐骨神经，其沿中间行走到髂骨，然后分支成腓骨神经和坐骨神经。前面互连的两神经根提供主要的神经支配（经小腿神经、大腿神经和胫神经）到腹股沟的肌肉、大腿内收肌和小腿伸肌。

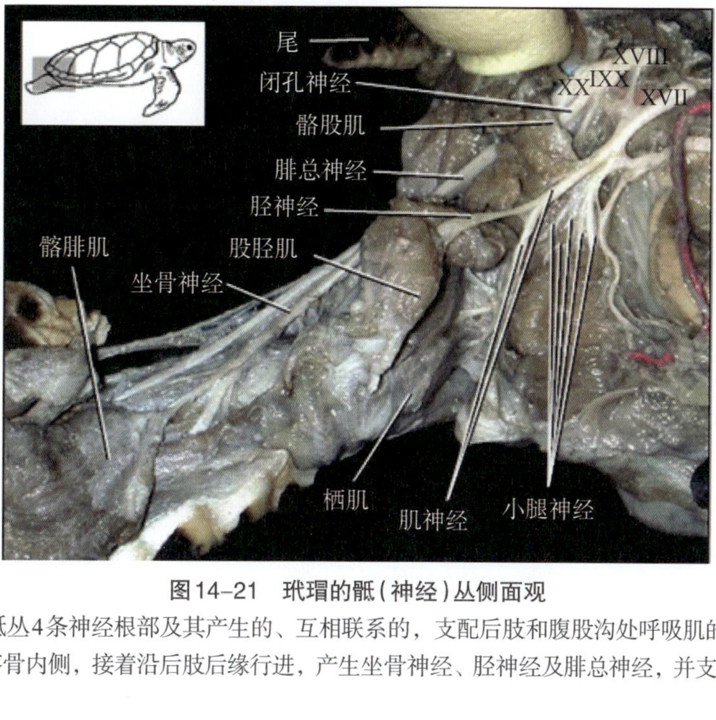

图14-21　玳瑁的骶（神经）丛侧面观

如图所示，骶丛4条神经根部及其产生的、互相联系的，支配后肢和腹股沟处呼吸肌的神经。骶丛最后支向后延伸，经髂骨内侧，接着沿后肢后缘行进，产生坐骨神经、胫神经及腓总神经，并支配后肢末端肌肉。

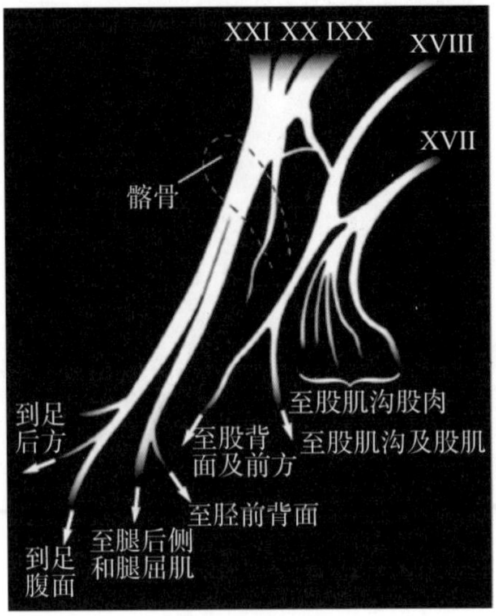

图14-22　海龟科的右骶丛图解(侧面观)

图示骶丛根及其到骨盆、腹股沟和后肢肌肉的互联关系(粗线代表大的分支)。髂内侧的单独分支是到骨盆腹部肌肉的闭孔神经。

表14-1　臂神经丛和骶神经丛的主要神经分布表(用哺乳动物神经术语来给这些神经命名)

臂神经丛	神经分布
前臂神经	桡骨牵引肌
浅桡神经	背阔肌
深桡神经	背阔肌，喙骨上肌，肩胛背肌
喙上神经	喙骨上肌，胸大肌，肱二头肌(深的和浅的)
肩胛下神经	肩胛下肌
腋窝(三角肌)神经	三角肌(腹侧)，肱肌
桡骨神经	背阔肌，大圆肌，桡骨牵引肌，肱三头肌(肱骨头)，呼吸肌
尺骨神经	三角肌(背头)，背阔肌，肩胛下肌，桡骨伸肌，鳍状肢内侧肌肉，指骨伸肌
正中神经	喙肱肌，尺侧屈腕肌，指骨屈肌
骶神经丛	**神经分布**
小腿神经	腹股沟肌肉，大腿伸肌(股三头肌复合体)
股神经	坐耻骨股间肌，臀背部肌肉
闭孔神经	臀腹部肌肉，髂尾股间肌，股内收肌，胫骨屈肌(内肌和外肌)，耻胫肌复合体
坐骨神经	臀部后背肌肉
坐骨神经	腓肠肌，髂股肌，足外腹侧的伸肌
腓总神经	股三头肌(栖肌，股胫骨肌，髂胫骨肌)，腓肠肌，屈足肌
胫骨神经	胫骨屈肌(内肌和外肌)，栖肌，耻胫肌—腹股沟的肌肉，伸足肌

十五、感觉器官 Sense Organs

化学的、视觉的、听觉的和前庭的感觉器官都集中在海龟的头部。

舌是一个覆盖着黏膜的肌肉质器官（图15-1），上有特征不明显的味蕾。像哺乳动物一样，舌的后部缺少明显的淋巴组织。

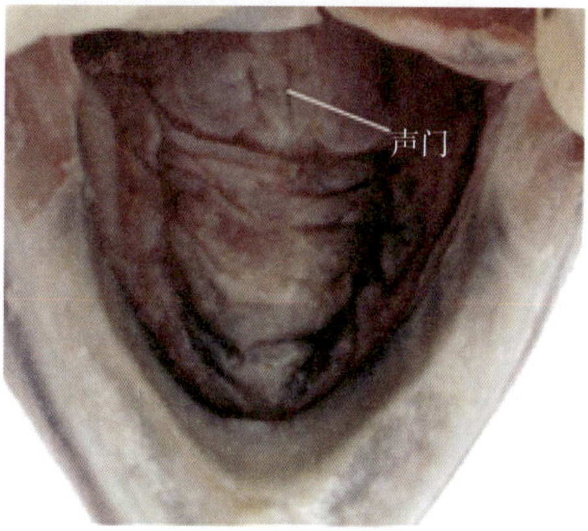

图15-1 肯普氏丽龟舌的背面观

舌肌肉质，附着于口腔底部，舌表面大致平坦，上覆矮小的上皮乳头。

鼻子包括通向嗅囊的外鼻孔。嗅囊经鼻咽管与里面的内鼻孔沟通（内鼻孔，图14-9、图15-2）。嗅囊和鼻后孔的褶覆盖有纤毛的感觉上皮。嗅上皮位于鼻腔后上部，受到通向嗅泡的嗅神经支配（图13-11，图14-7～图14-15）。海龟的犁鼻器不具有典型的结构，这个特化的器官通常与察觉空气或介质传递的气味分子有关，在蛇类和某些蜥蜴中并没有凹进单独的一个小坑内。犁鼻器广泛分布在非主要嗅泡的前外侧和侧面。

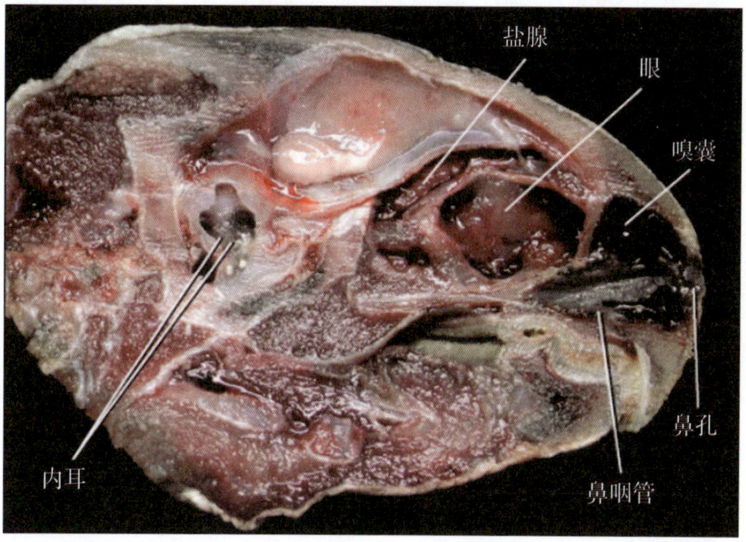

图15-2 绿海龟的感觉器官

鼻孔通向着色的嗅囊，嗅囊壁上有若干皱褶，没有骨支持。嗅囊经鼻咽管，通向内鼻孔。嗅神经被切断，垂向腹侧。耳蜗亦被切断，仅部分地暴露于内耳。

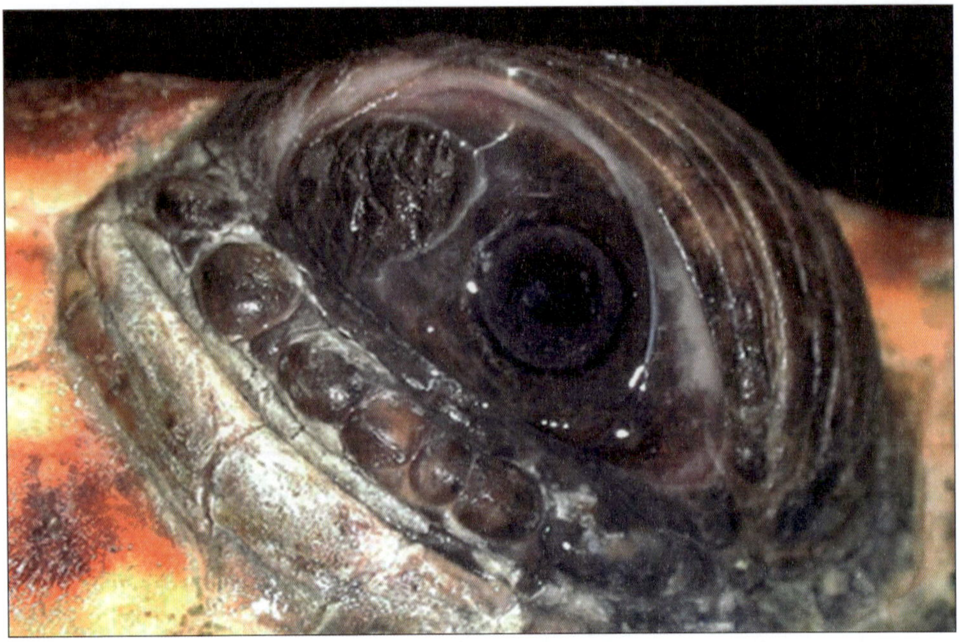

a

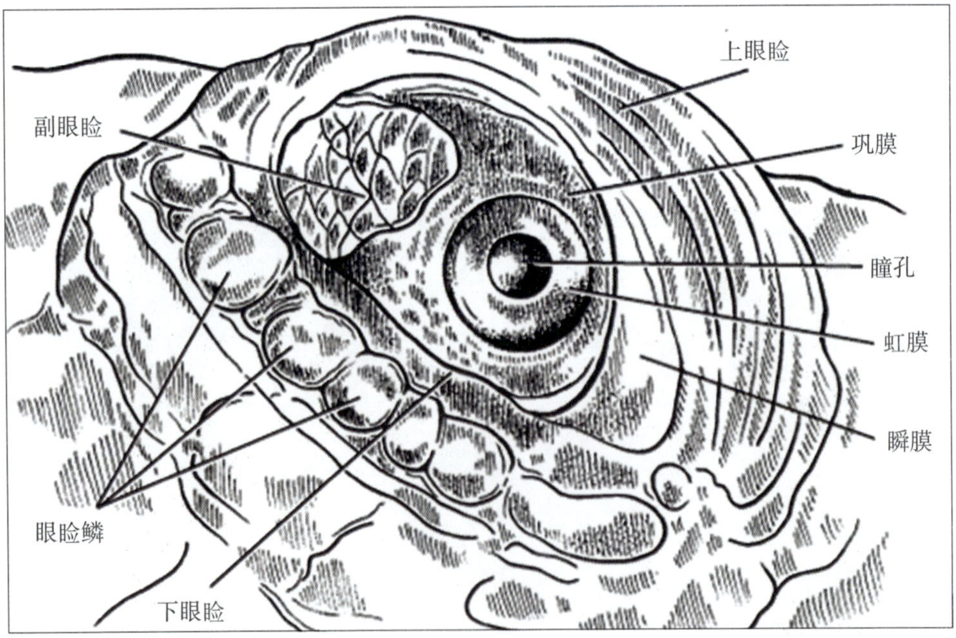

b

图15-3 蠵龟的眼及眼睑

眼位于背前侧，其视野有重叠区域（即双目视觉）。上下眼睑角质化、可动，角质化的副眼睑不能动。角膜是巩膜的透明部分，覆盖在瞳孔和虹膜上面。海龟属的下眼睑边缘有眼睑鳞，而棱皮龟属则没有。

a

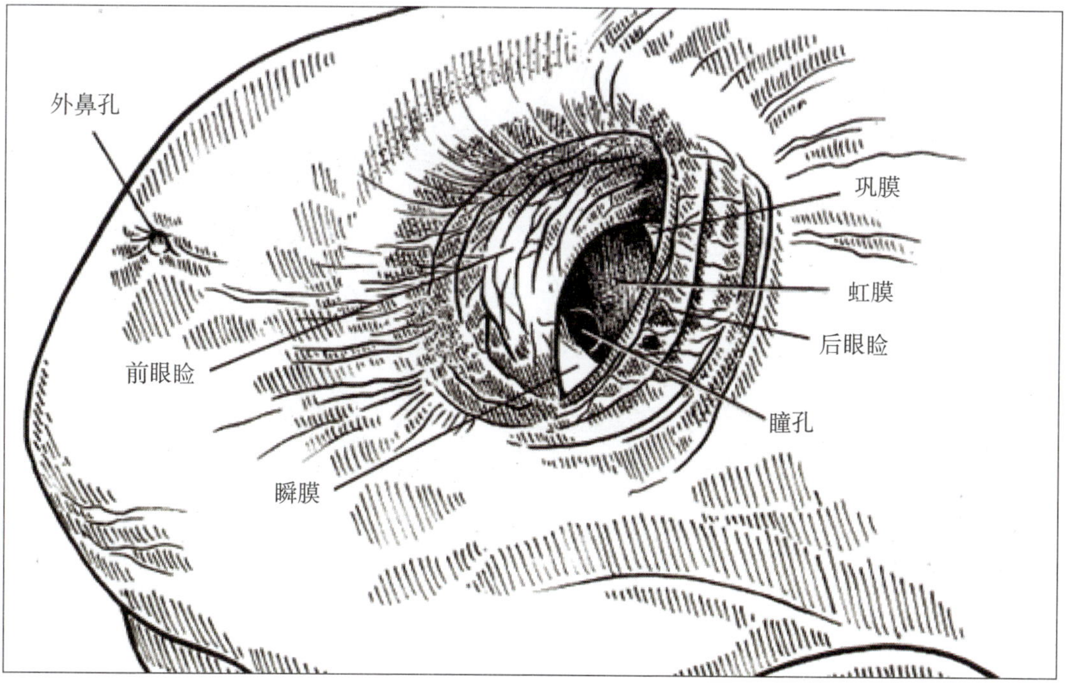

b

图15-4　棱皮龟的眼

眼睑位置或前或后而不是上、下眼睑。

a

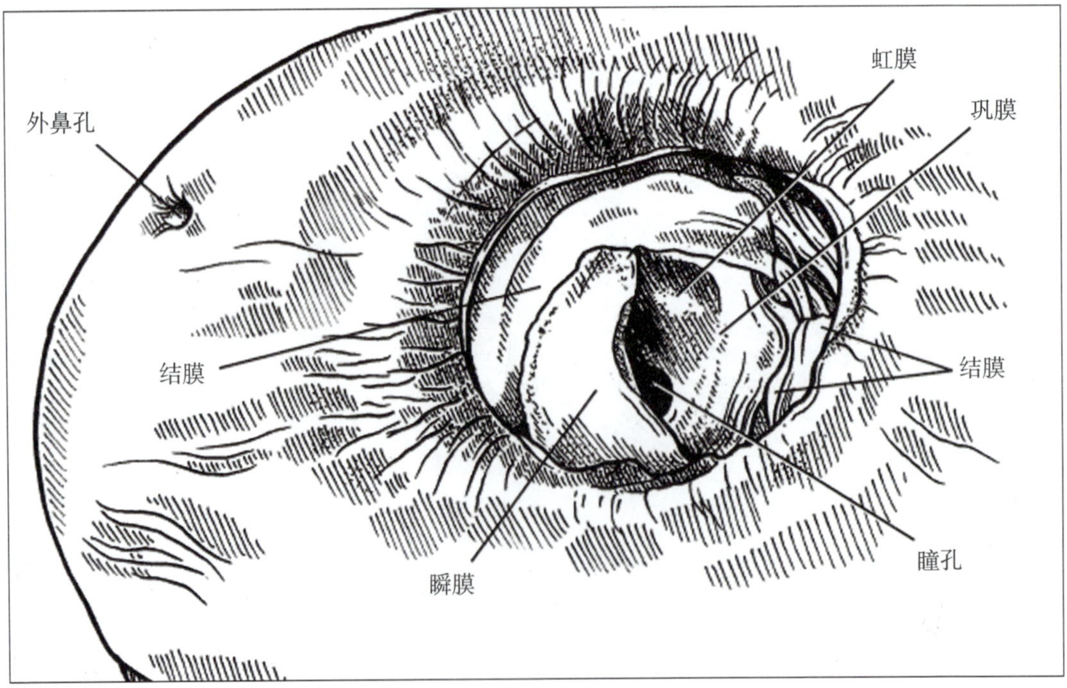

b

图15-5　棱皮龟眼的剖析

眼睑已切除，显示瞬膜的范围及位置。

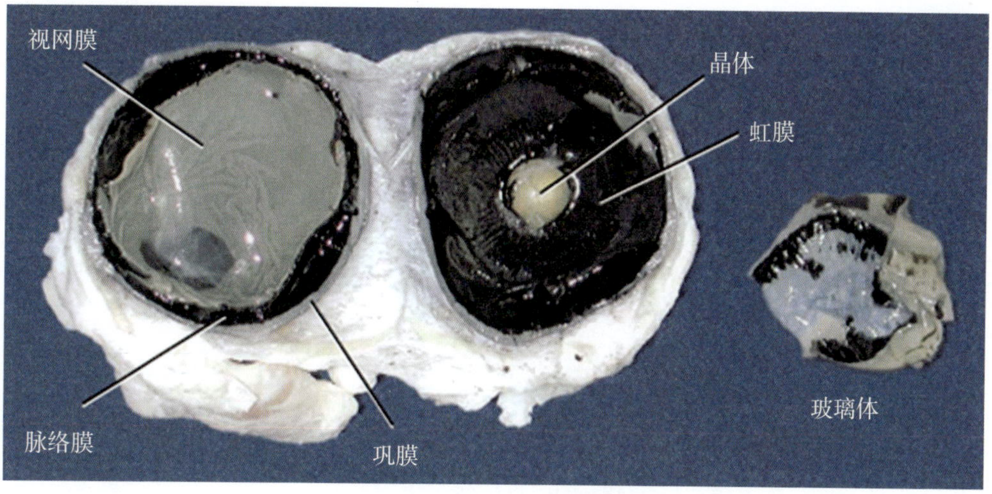

图15-6　蠵龟眼的矢状切面

眼被切成内、外各半。图左：视网膜及眼球后面，图中：虹膜、晶体及瞳孔，图右：玻璃体一部分。

在绿海龟，内鼻孔两侧边缘出现成行的钉突样的小乳突，这些乳突在其他种类海龟中则缺失或发育不良。

在成年海龟，鼻孔前端的组织里血管丰富且充血，似乎它不是一个感觉器官而是在海龟潜入水中时有封闭鼻孔的作用。

海龟圆圆的眼睛镶在骨质的眼眶内。上、下眼睑角质化，可运动、保护眼睛，下眼睑与构成眼球内表面的结膜相连。瞬膜在眼睛的前方和腹面角落，也是与结膜连续的（图15-3～图15-5）。（图15-3，角质化的副眼睑不能动。角膜是巩膜的透明部分，覆盖在瞳孔和虹膜上面。海龟属的下眼睑边缘有眼睑鳞，而棱皮龟属则没有）

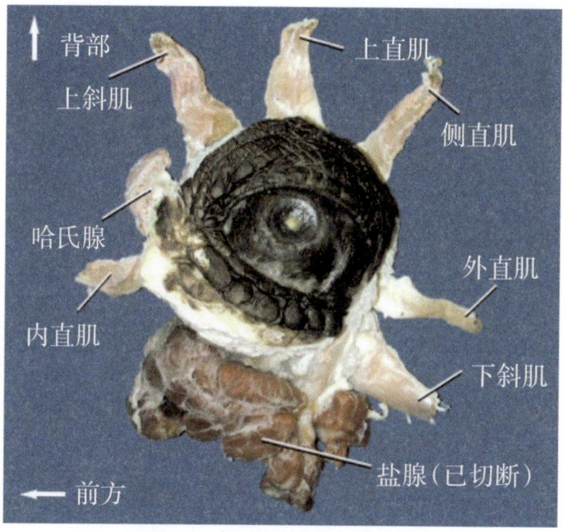

图15-7　蠵龟眼的侧面观

外在的眼肌呈放射状伸展，以显示它们的相关插入点。通常它们都起源于眶间隔上。

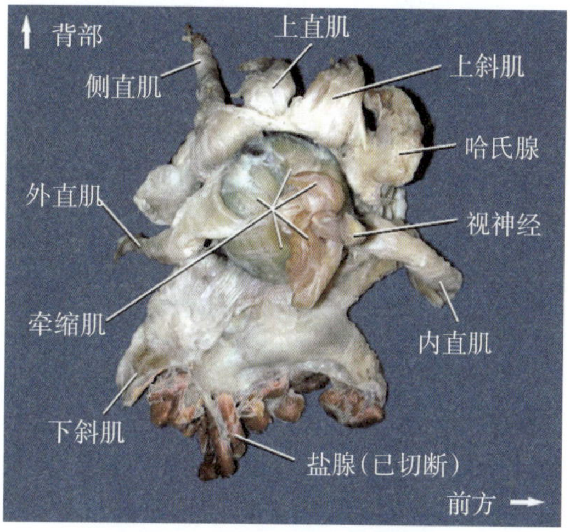

图15-8　蠵龟左眼（内侧观）

图所显示的是外在眼肌。眼肌负责眼球的运动；亦显示润滑眼球的哈氏腺，是盐腺（一种主要负责分泌盐，维持水平衡的器官）的一部分。牵缩肌围绕视神经，决定眶内眼球深浅位置。

眼球壁主要分为三层：结膜层、眼色素层和视网膜层，包围着黏性的玻璃体。中央的软骨及侧面的巩膜小骨支持着眼球（图8-1～图8-3）。最外层是巩膜，眼肌群连在巩膜上（图15-7、图15-8）。上斜肌插入眼背部，受滑车神经支配，上直肌在其后方，这些肌肉的腹侧分布有内直肌。在前方，锥状肌从眼球延伸到眼睑和瞬膜。锥状肌腹侧及深处是下斜肌和下直肌。外直肌位于后腹侧，受到外展神经支配。上直肌、下直肌、下斜肌及内直肌都受到眼神经支配。眼肌的起源集中于眶间软骨隔。

哈德氏腺（Harderian gland），其作用是润滑眼球。

盐腺（salt gland），是一种负责分泌盐和维持水平衡的器官。晶状体牵缩肌包围着视神经并调节眼球在眼眶内的深浅位置。

巩膜，在脊椎动物中经常被称为“白眼球”。在许多海龟中巩膜部分被染色；眼球前方的巩膜无色透明，被称为虹膜；巩膜向内是眼色素层，由脉络膜、反光色素层、睫状体和虹膜组成（图15-6）。脉络膜是有颜色的，从虹膜延伸到视网膜。它包含负责眼睛闪烁的反光物质（反光色素层），反光物质增加了眼睛在弱光下的敏感性。在视觉调节时，睫状体负责改变晶状体的形状。它从眼睛前方的脉络膜开始延伸到悬挂晶体的附着物上。虹膜的颜色为棕色或黑色，从脉络膜延伸至眼前方。角膜缘是指从透明的角膜到不透明的巩膜之间灰白色的连接区（平均宽约1 mm），因为角膜和巩膜是相互连续的，角膜缘通常代表组织学描述的过渡区域。虹膜的游离边界形成瞳孔的边缘。海龟的晶体强烈地弯曲（图15-6），它被附着在睫状体条纹肌上的韧带悬挂在瞳孔和虹膜的后方。眼室内充满澄清的黏稠液体——玻璃体。

眼睛是具有辨别颜色和形状能力的光信号接收器。视网膜是眼睛的感光层，既能察觉颜色又能察觉光亮。视网膜由几层细胞组成，包括杆状和锥状的几种细胞，都含有感光色素。海龟的耳负责听觉和平衡觉。每个耳有一个外层的鼓膜，其上覆盖着横跨耳凹（即耳道）的鼓膜鳞，方骨、方轭骨和鳞状骨形成耳道（图3-4）。有中耳和内耳，但是没有外耳。中耳参与传导声音，而内耳的功能是接收声音、探测声源位置及加速度。中耳包含一块单独的耳骨——镫骨（即耳柱骨），镫骨（图15-9）由鼓膜延伸，经鼓室、鼓室隐窝，再经膨大的软骨踏板至耳蜗的前庭窗接合处（图15-10）。耳咽管（咽鼓管）从口腔的下颌关节延伸到每个中耳（图12-2）。海龟的内耳由耳蜗、3个半规管（全都由骨包裹）组成。耳蜗参与声音传导并由听神经支配，它传输声音信息给大脑。半规管通过探测三个平面速度的改变来感知头部的位置和运动。每个耳中的每一个半规管居于一个平面（矢状切面，冠状面和轴向面）。

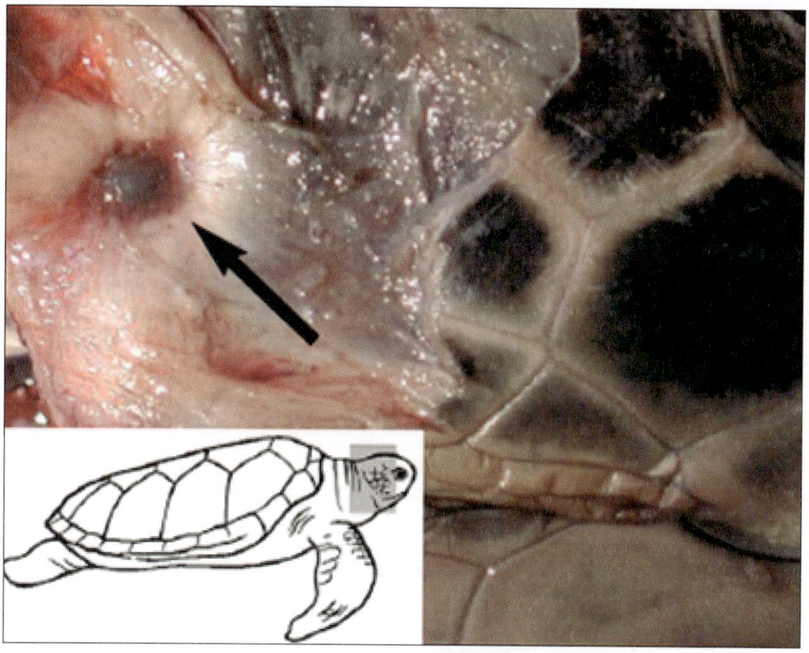

图 15-9　丽龟的鼓膜

鼓膜鳞已移除，暴露鼓膜和镫骨外突的最末端（箭头处）。

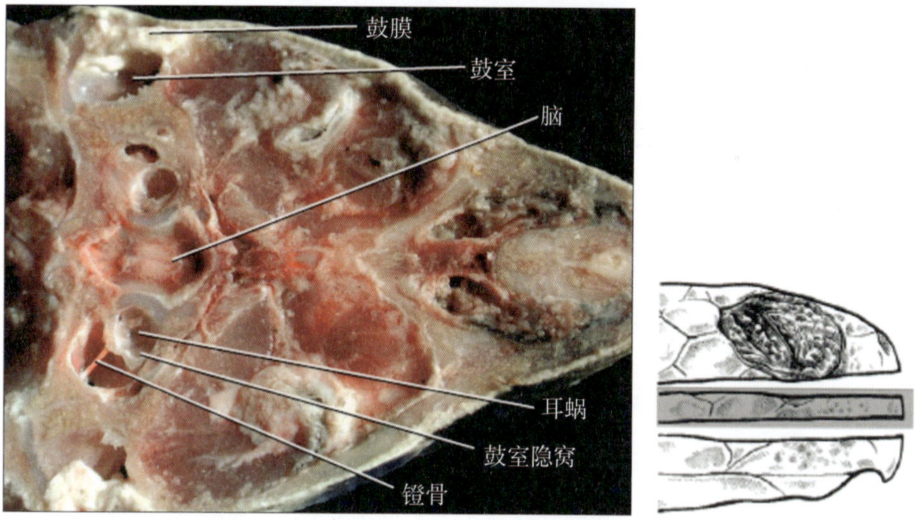

图 15-10　丽龟耳的腹面观

冠状面揭示鼓室（=头骨的耳凹）及更内侧的鼓室隐窝。镫骨踏板以关节连接前庭窗。

十六、泌尿生殖系统解剖　Urogenital Anatomy

泌尿生殖系统由**肾脏**、**输尿管**、**性腺**及其导管、泄殖腔底部的**膀胱**和**生殖突**（阴茎和阴蒂）的衍生物组成。肾脏的功能是排出含氮的废物（排泄物）和保持水分及电解质平衡（渗透压调节）。输尿管运输含氮废物到泄殖腔，废物或进入膀胱或排出去。性腺（卵巢或睾丸）是生殖结构，能产生生殖细胞，生殖管运送卵子或精子到泄殖腔。膀胱负责贮存水和尿。泄殖腔是输尿管、生殖管、直肠和膀胱排泄的共同开口。泄殖腔通过泄殖孔通向体外。

排泄系统：肾脏为成对、分叶、椭圆红色的结构，位于背部腹膜后方（在腹膜与背甲之间），海龟的肾脏属于后肾，因为：(1) 它们由胚胎的肾脊后部产生；(2) 肾小管通过输尿管（后肾管）排尿。每一侧的输尿管从肾脏发出，穿过腹膜将尿排入泄殖腔背侧。输尿管位于每个肾脏的腹表面，它们将尿酸、氨及多余的水分排到泄殖腔中。每一条输尿管同一条生殖管经泌尿生殖乳突进入泄殖腔的尿殖道部分（图16-1、图16-2）。

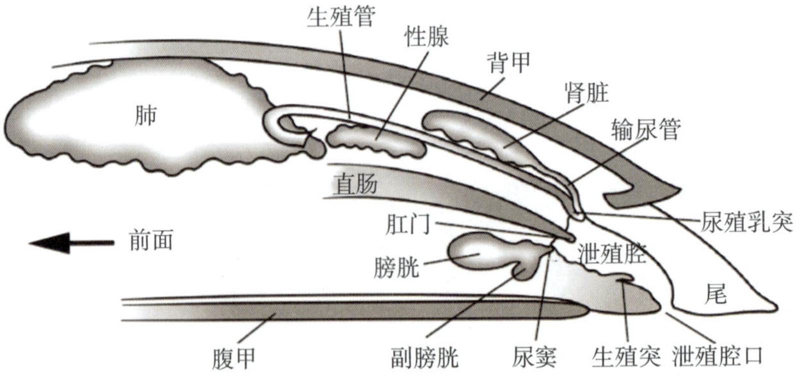

图16-1　尿殖系统图解

上图显示了肾脏、性腺（为图示、未分化）、附属导管、膀胱、直肠及泄殖腔。

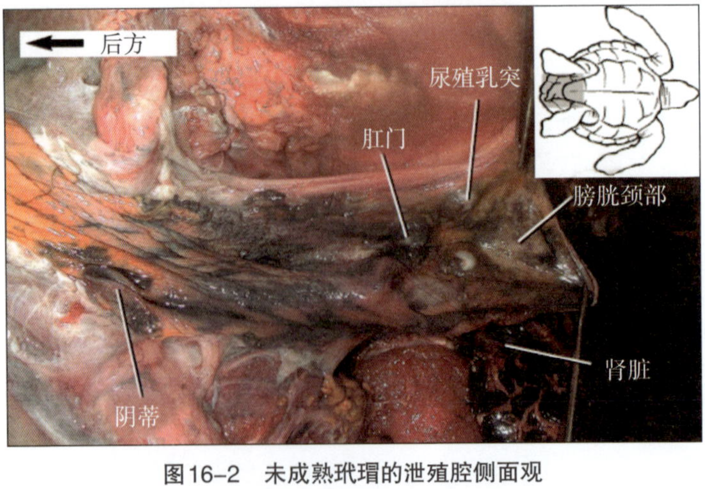

图16-2　未成熟玳瑁的泄殖腔侧面观

泄殖腔腹壁已切除，以显示来自输卵管和输尿管末端的尿殖乳突，膀胱开口及背侧的肛门（来自直肠）。输尿管和生殖管在雌性毗邻进入泄殖腔。生殖管和输尿管汇集于尿殖乳突，尿殖乳突开口于泄殖腔。

海龟肾脏的皮质和髓质不明显，海龟的肾单位由肾小囊、中央管（其功能是水分的运输和蛋白质的合成）、一个中间部分（功能未知）、末端盘曲的管子（负责液体的重吸收）以及收集管（连输尿管）组成。与高等脊椎动物不同，海龟的肾小管到了成年后仍保持形成具有功能的新的肾小管的能力（且终生具有该增生能力）。

血液从传入血管（肾动脉及髂静脉）流进肾脏，经传出血管（肾门静脉和肾静脉）流出肾脏。血液中的多余水分和矿物废料（滤出液）在肾小体（肾小球加肾小囊）被排除。

膀胱是一种高伸缩性、单个袋状结构的器官，位于骨盆中线上。膀胱通过单一的孔开口到泄殖腔腹部底面（图16-1～图16-3）。膀胱位于腹部，尿、水分及其他废物有时会从泄殖腔进入膀胱。这种解剖上的位置及其与通向外界的泄殖腔的关系，有时让它物（例如：粪便、寄生生物或母龟的卵子）而不是尿进入其内。

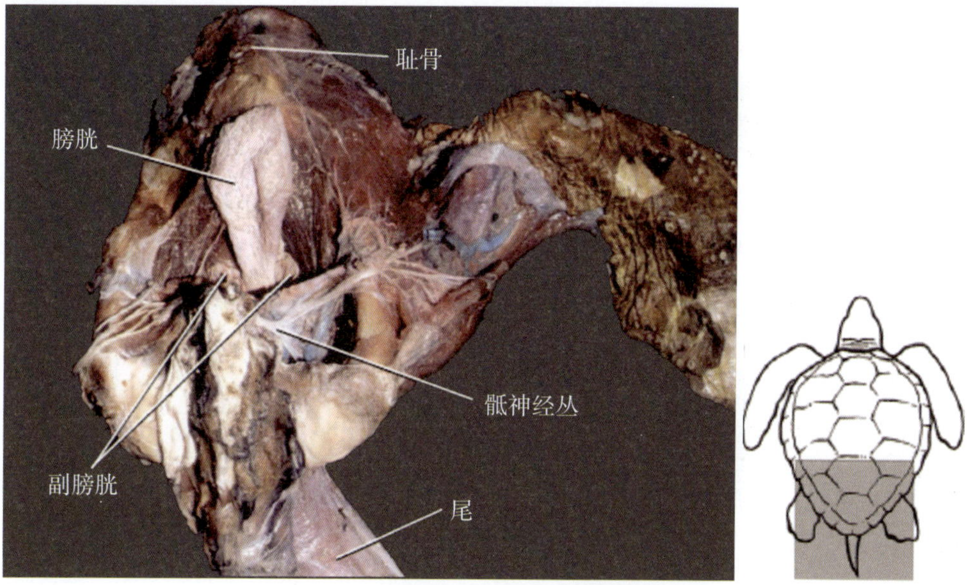

图16-3　雄性蠵龟的骨盆及膀胱背面观

去除结缔组织，显示排空的膀胱及副膀胱，髂骨在外侧，骶椎和近端尾椎在背侧，还显示了部分骶丛。

海龟有两个小的副膀胱连接到膀胱上；每个副膀胱位于膀胱颈侧和耻骨背部（图16-3）。它们很少充满液体，在解剖时常被漏掉。

性腺：两种性腺都位于体腔背部、肺的后方及肾脏和壁腹膜的腹面（图16-4、图16-5）。

雌性：雌性生殖系统由一对卵巢、输卵管（亦叫缪氏管）以及悬韧带（卵巢系膜、输卵管系膜）构成。卵巢、输卵管的大小随着海龟的年龄增长及是否进入繁殖季节而变化。

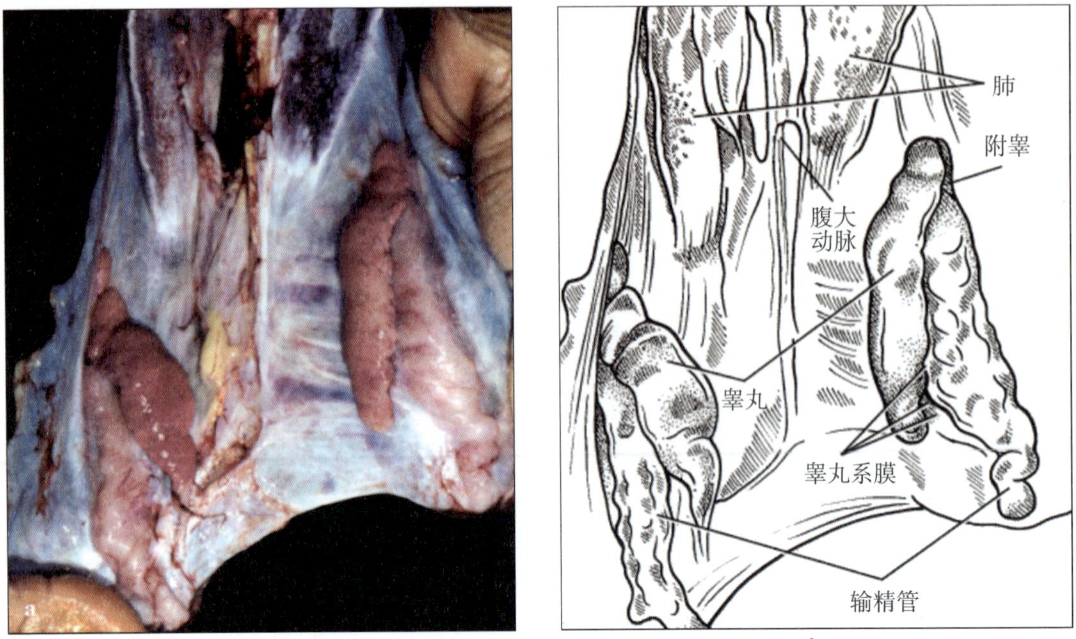

a　　b

图16-4　未成熟绿海龟的睾丸

睾丸通过平坦的背面连在腹膜壁上，每个睾丸的外侧稍背方是附睾，附睾连着输精管。未成熟海龟的睾丸表面是平滑的。

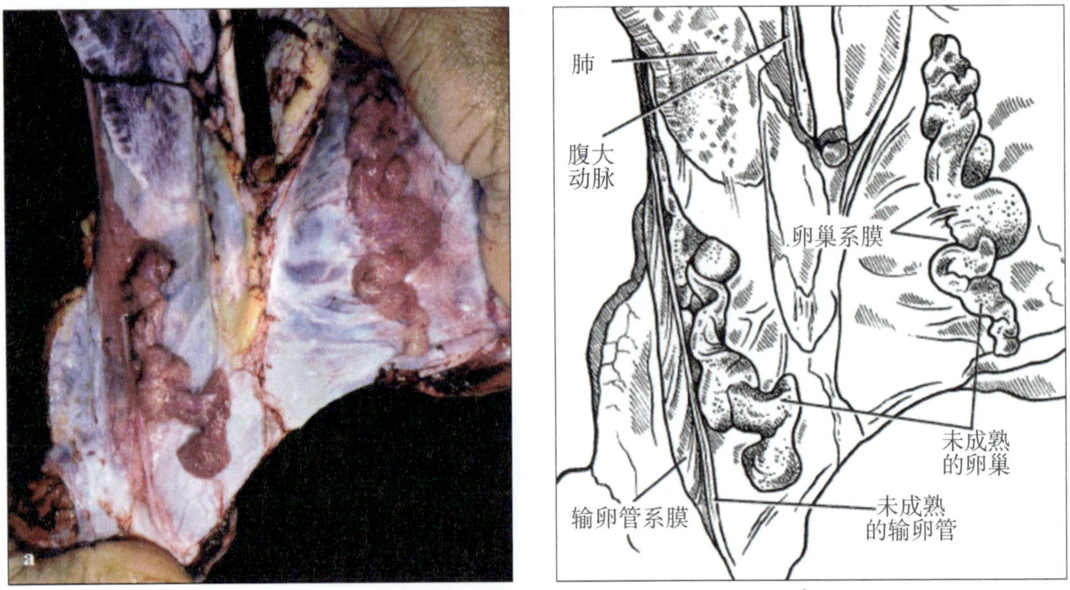

a　　b

图16-5　未成熟绿海龟的卵巢

卵巢外侧边缘连在腹膜壁上，其表面呈粒状。卵巢的外侧是未成熟的输卵管，悬在输卵管系膜上。

卵巢的头极刚好位于肺的后方，向后中部延伸到泄殖腔。沿着卵巢的内侧和背面，卵巢通过卵巢系膜附着到覆盖肾表面的腹膜上（图16-6）。另一种韧带，输卵管系膜从卵巢扩展至输卵管。输卵管位于卵巢的外侧，向前延伸，然后向内侧弯曲，以喇叭口结束。喇叭口接受排出的卵泡，由输卵管系膜支持。卵巢和输卵管之间没有导管相连，每一条输卵管的后末端连接泄殖腔的泄殖道（图16-7）。

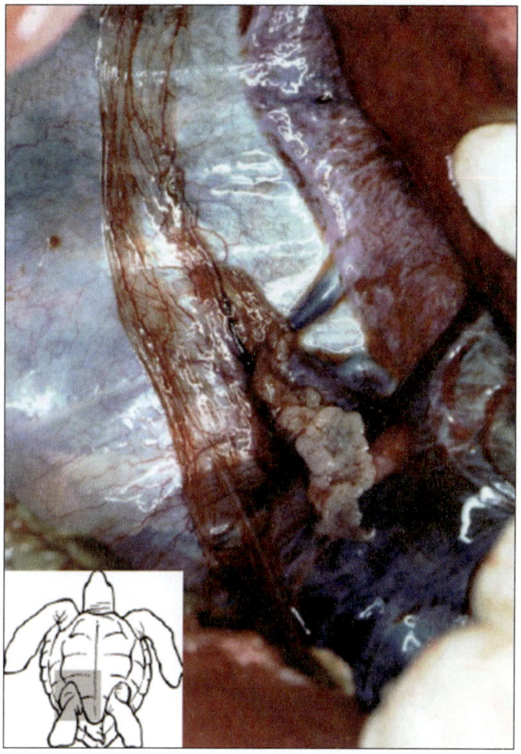

a

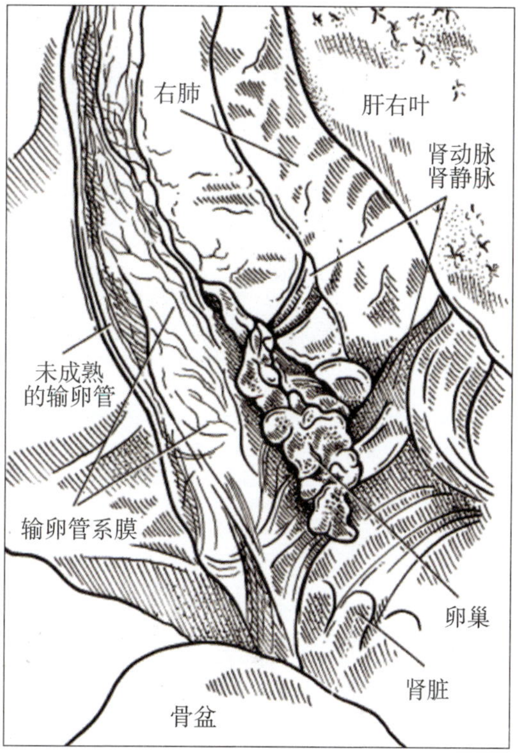

b

图16-6　绿海龟幼龟的卵巢及附属导管腹面观

不成熟的卵巢具有颗粒状表面，其卵泡还没有大量的卵黄。不成熟的输卵管是一条细长、平直的管子，系附在输卵管系膜上。充血的肾动脉、肾静脉来自肾脏，位于卵巢背侧，且朝向中线。

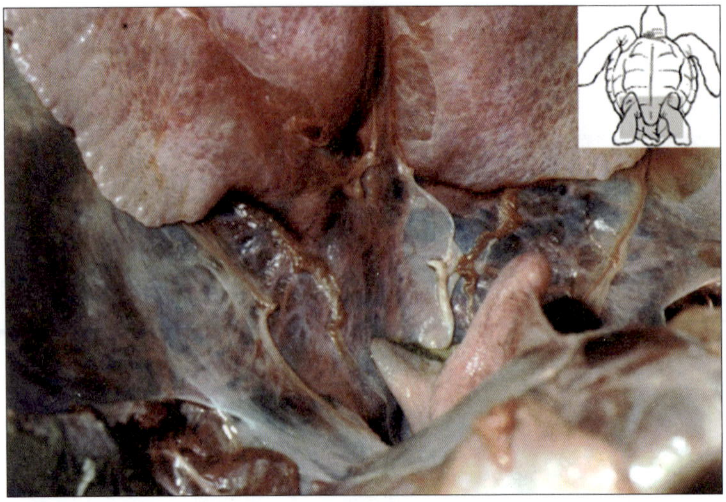

a

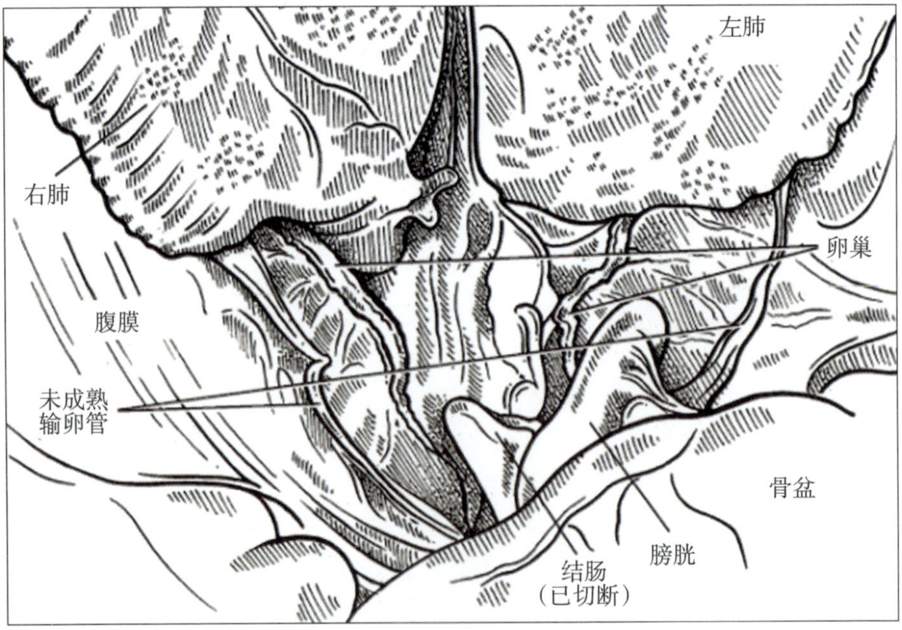

b

图16–7　不成熟的卵巢和输卵管腹面观

不成熟的卵巢是细的，比输卵管更靠内侧。不成熟的输卵管向前延伸，然后转弯向后。输卵管孔口形成于扩大的末端。输卵管、输卵管系膜及卵巢系膜翻向外侧。

对稚龟来说，卵巢和精巢较难区分，如果无法做组织学切片，卵巢边缘附有卵巢系膜而且缺少盘曲的输精管，暗示性腺是一个卵巢。对于稍大的海龟，当小卵泡更加明显时，性腺将变成粉红色、颗粒状的组织。当海龟接近成熟时，一些卵泡增大并且开始积累亮黄色的卵黄。在性成熟的海龟，成熟卵泡集中在卵巢前头，不成熟的卵泡多集中在卵巢后方1/3区域。先前产过卵的母龟将有直径为2～3 cm的卵泡，并从以前排卵之处结疤形成白体（图16-8）。新近排卵处留下活跃的疤痕，每个被称为一个黄体。当它停止产生孕酮（黄体激素）后，黄体就变成白体。白体的年龄难以判断，然则大的通常比小的更新。用这种信息来简单地确定海龟是否产过卵是最安全的方法。

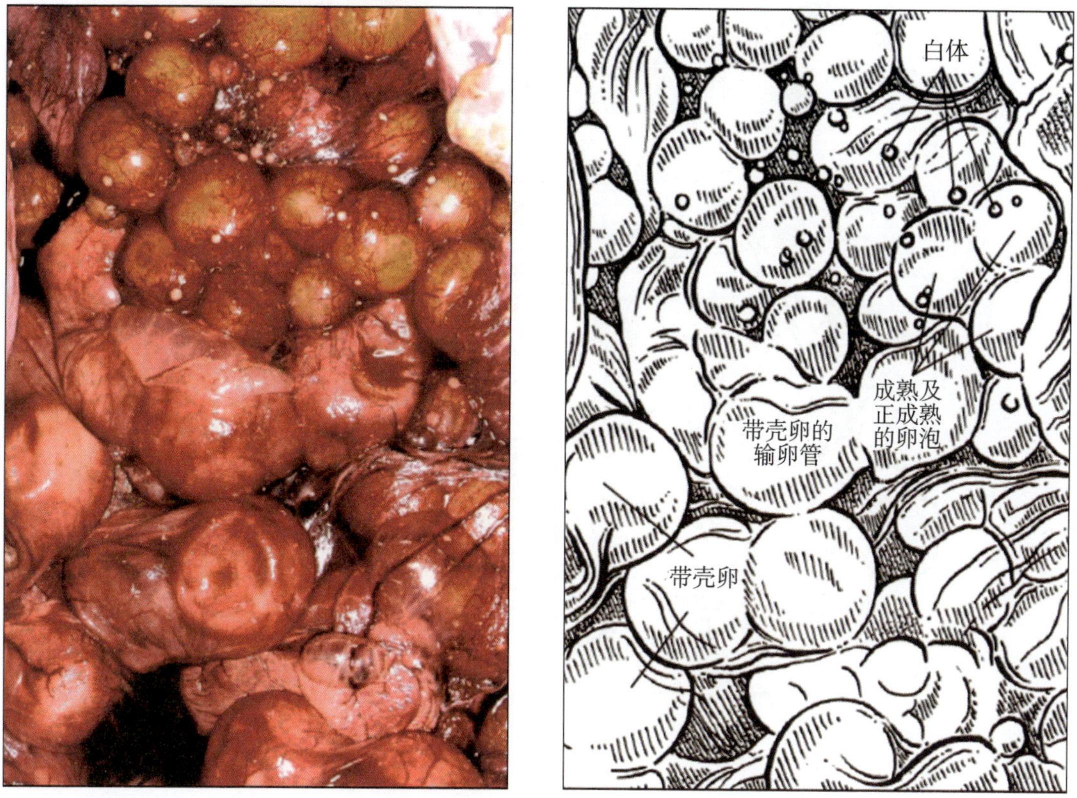

图16-8　生殖活跃的蠵龟卵、卵泡及白体

输卵管中有带壳卵，上方有大小不一的正成熟卵泡和疤痕（白体，仍停留在卵泡排过卵的地点）。

不成熟的输卵管是一条薄壁管（图16-6、图16-7）。当母龟成熟时，输卵管壁变厚、内腔直径变大。不活跃的输卵管是褶皱的长管（图16-9）。

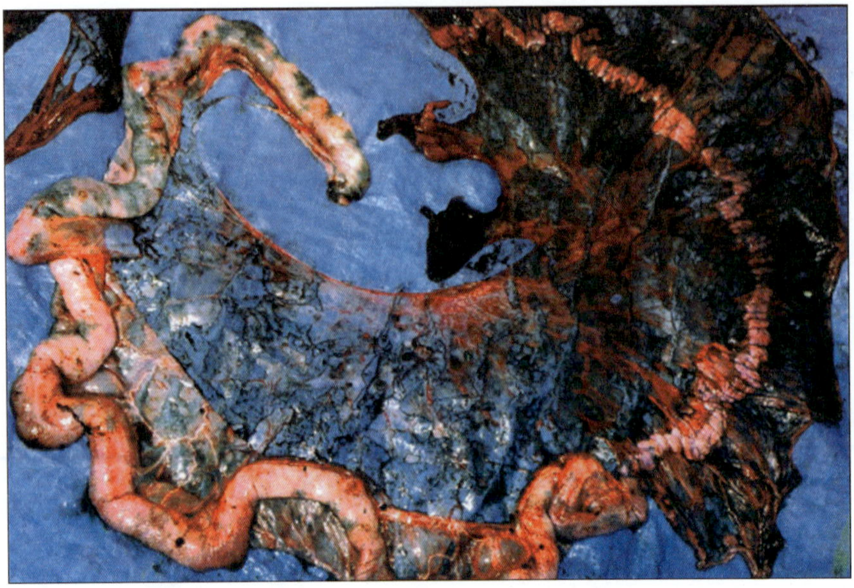

a

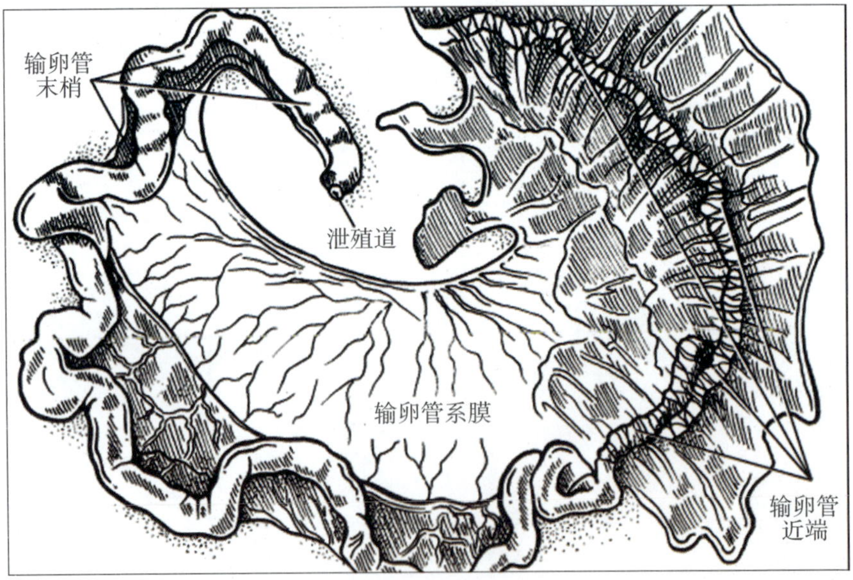

b

图16-9　棱皮龟成熟的输卵管

成熟的输卵管有一大的内腔，且管壁有波状皱褶。输卵管系膜和卵巢输卵管系膜扩大以适应成熟的结构。输卵管末端进入泄殖腔，其近端是喇叭口。

输卵管可分为五个功能区(但不是总体结构)：漏斗口、无腺部(非腺部)、瓶部、壳腺部和阴道。漏斗口仍为薄壁状，但尺寸增大(图16-10、图16-11)。成熟雌性的输卵管是肌肉质的，具有运动性。据推测，喇叭口能够收集卵巢表面排出的卵泡。

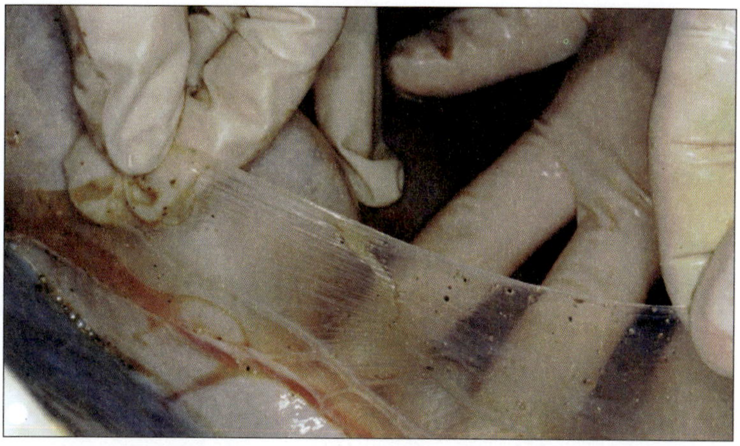

a

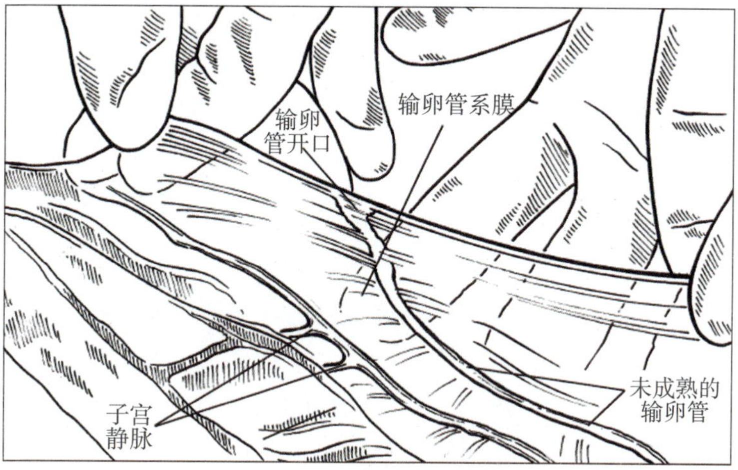

b

图16-10 未成熟输卵管的开口

不起作用时开口是扁平形，幼龟的漏斗形开口小。

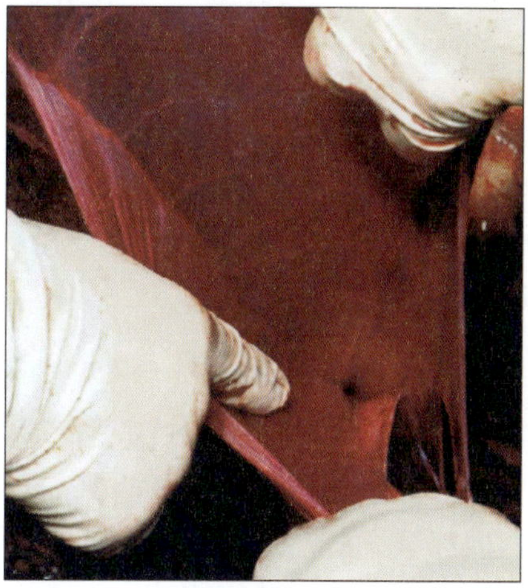

a

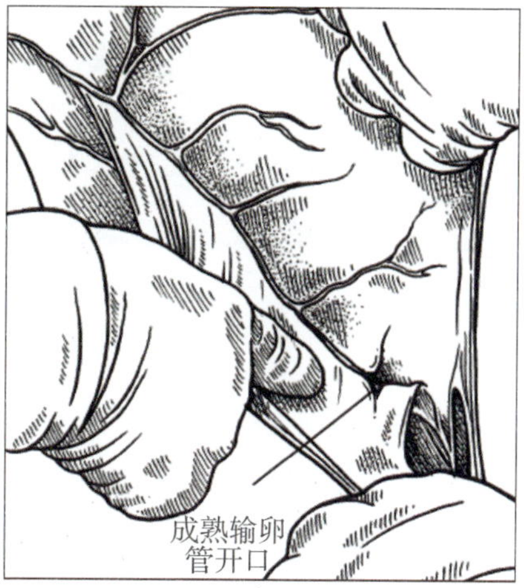

b

图16-11 成熟输卵管的开口

棱皮龟的输卵管开口较大，呈漏斗形，壁薄。孔口底部进入输卵管近端无腺部。

在准备筑巢之前，卵巢中的卵泡同时成熟并一起排出。一旦进入喇叭口，每个卵泡要经无腺部进入瓶部(腺体的前端部位)，在此处卵泡裹上蛋白层。3天后，卵泡经过壳腺部，此处形成蛋白质和绒毛膜以及壳基质等。壳的钙化需要6～7天。卵停留在产道直到7天后产出。产卵时，卵从输卵管后端进入泄殖腔，然后从泄殖孔掉入卵窝。产卵母龟的泄殖腔形成一个管状的孔口，这种“蛋管”的结构目前还不清楚。

雄性：雄性生殖系统由成对的睾丸、附睾、输精管及悬韧带(睾丸系膜：从体腔壁至睾丸)和一条阴茎组成。在一些雄性个体中可能还残存一对细小而平滑、壁薄的缪氏管。呈现时，缪氏管位于体侧壁(悬挂在输精管系膜上)，从管子到睾丸或肾脏上的腹膜，缪氏管常延伸到体前1/3区段，在肺的外侧。

睾丸呈纺锭状(即梭状，图16-4)，其头极正好位于肺后方，向后中部延伸至泄殖腔。沿其背部，通过睾丸系膜将睾丸系附在覆盖肾脏的腹膜上。一些种类海龟的睾丸呈淡棕色或黄色；在另一些种类中，睾丸呈灰色到粉红色。精子由睾丸产生，然后经由非常细小的输出导管运送到附睾，附睾位于睾丸的外侧或后侧方。输精管从附睾通向阴茎基部的泄殖腔，通过海绵体来区分(图16-4)。

睾丸、附睾、输精管的大小和形状随着年龄、季节的变化而变化(图16-12)。在生殖季节，成熟雄龟的睾丸长度是其直径的两倍，里面充满白色的液体(精液和副腺液)。

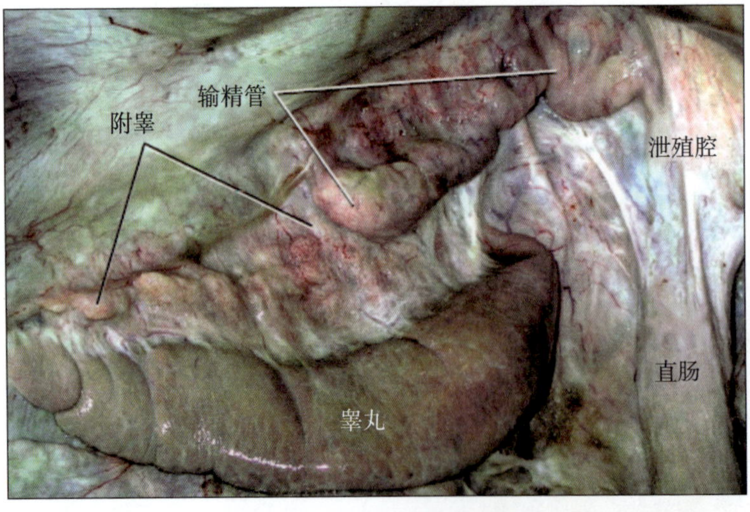

图16-12　成熟蠵龟的睾丸及附属管后腹面观

成年雄性在生殖季节的睾丸、附睾和输精管。输精管通向泄殖腔腹底的阴茎基部。

雄海龟成熟时，生殖乳头延长入阴茎。除非在交配、外伤或死亡时，否则阴茎是缩进体内的；阴茎在泄殖腔腹底面，它由一对阴茎海绵体和尿道凹槽(＝输送精子沟，图16-13)构成。当交配时，海绵体通过下腹静脉和髂内静脉充血；当阴茎勃起时，阴茎凹槽在背部相接形成功能性的运输精液的管子。某些种类的阴茎有一些修饰结构，在阴茎上或靠近龟头附近有刺或向三方射出的副翼(图16-14)。

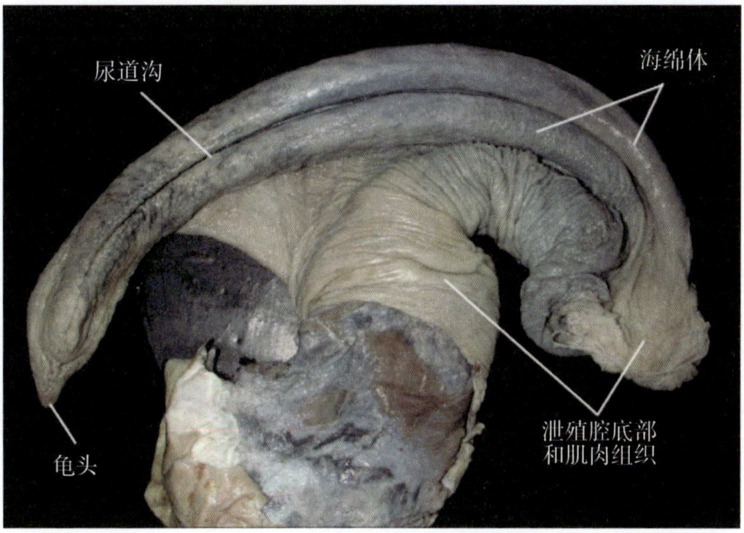

图16-13 成年蠵龟的阴茎背面观

海龟阴茎是泄殖腔腹面底板的一部分，位于两个海绵体之间的尿道凹槽，在交配时输送精子。在没有勃起时，阴茎完全收藏在泄殖腔内。

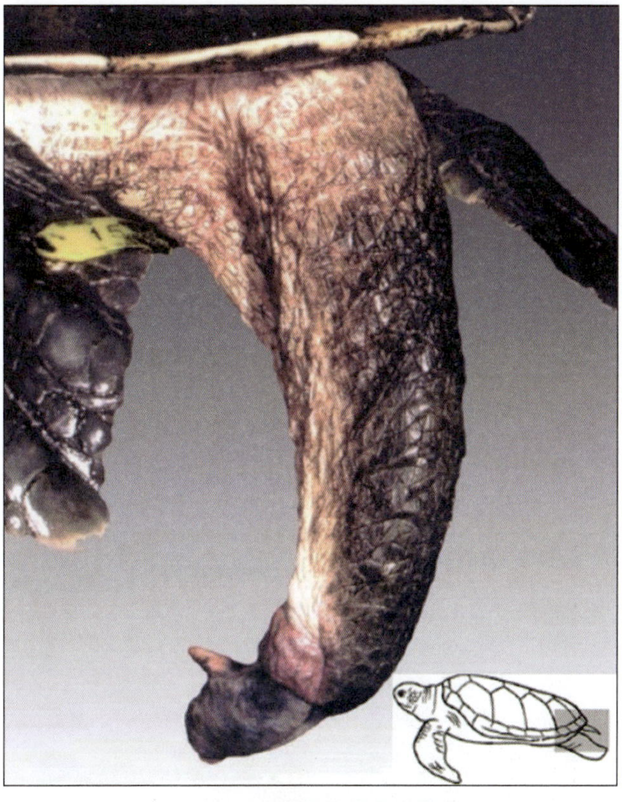

图16-14 肯普氏丽龟的阴茎

长长的尾和末端泄殖腔孔位置是成年雄性海龟的特色。该动物有一条半勃起的阴茎及龟头腹叶有几乎在末端的角。不是所有的雄性海龟在长到同样大小的时候才开始成熟，因此在结合尾的长短和泄殖腔的位置来鉴定海龟性别时，须特别小心。

两性异形

成年雌龟与大而未成熟的雄龟有少许的不同。典型的雌龟有一条短尾，泄殖孔大约位于尾尖与肛盾中间位置(图16-15)。在泄殖腔内，作为生殖突残留的阴蒂较小，位于泄殖腔底板(图16-1)。

在大西洋的西北部，成熟的雌红海龟SCL平均为92cm(范围：75～104cm)，成熟和筑巢的雌绿海龟SCL平均为97cm(范围：83～113cm)，雌性棱皮龟的CCL大约为155cm(在美国沙滩上产卵母龟测量了非常少的个体)，在美国维京群岛上产卵棱皮龟的最小CCL为133 cm。

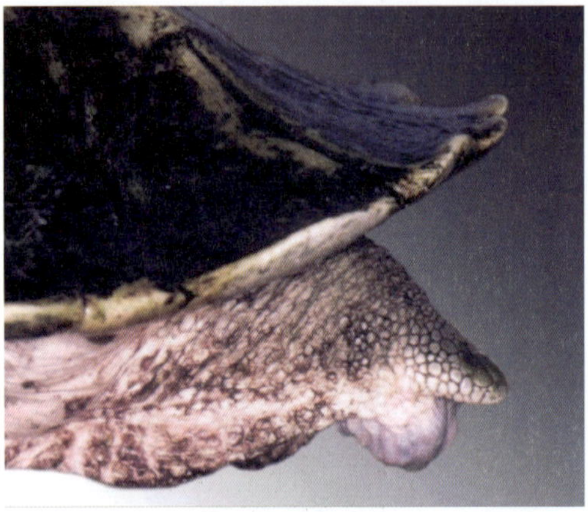

图16-15　成年雌性肯普氏丽龟的尾

尾短和泄殖腔孔在身体近端是其特征。其泄殖孔突出，如同产卵母龟。

成年雄龟的特征是有一条长尾，泄殖孔接近尾尖和在第二指上具有强而弯曲的爪。在繁殖季节，沿腹甲中线两侧去角质化(图16-16)，腹甲血管渐增并且出现水肿。雄性棱皮龟的腹板轻微变凹。在棱皮龟的繁殖季节，没有证据表明其腹板出现去角质化或血管化的迹象。

图16-16　成熟雄性的性二态特征

包括：一条伸长的尾巴、长而弯曲的爪以及到了生殖季节，雄龟的腹板中间部分变软。

参考文献

1. Wyneken J. *The Anatomy of Sea Turtles.* Department of Commerce NOAA Technical Memorandum NMFS-SEFSC-470. 2001, pp.1-172.

2. Thierry M. Work, Dvm. *Sea Turtle Necropsy Manual for Biologists in Remote Refuges-Chinese Language Edition.* Geological Survey National Wildlife Health Center, Hawaii Field Station. 2004, pp.1-24.

解剖海龟包括如下几个步骤：

①准备工具和药品；

②标本外部检查；

③测量外部数据并记录；

④移除腹板；

⑤系统解剖。

具体解剖过程如下：

①准备工具和药品：解剖台、卡尺、软尺、电子秤、骨钳、剪刀、止血钳、镊子、解剖针、手术刀柄及刀片、针筒、手套、塑料袋、记录笔、事先设计好的表格或记录本、照相机、电子芯片(PIT)扫描仪、布标签、油性笔、量筒、烧杯、标本瓶、消毒水、95%酒精、10%福尔马林溶液等。

②标本外部检查：检查海龟的体表，从头部到尾部查看有无伤口或异常特征，确定种类、大小、年龄(变异、新旧伤痕的位置)，及时拍照，以备资料整理时查验。

验尸时按照下列项目和顺序查验：

a. 首先检查海龟头颈部。

鼻孔：是否堵塞？有无脓痰、清水、气泡、白沫或血液流出？

眼睛：瞳孔是否放大？眼球是否凹陷、无光或浑浊？眼角有无糜烂？

口腔：是否有黏液或呕吐物流出？口腔内是否有溃烂、结痂或鱼钩等异物？

颈部：是否有丝绳缠绕？有无破皮或红肿的伤痕？

b. 然后检查背甲、皮肤、四肢、腹甲和尾部。

背甲：形状、颜色、寄生物、盾片数目、有无变异及病症？

四肢：皮肤是否健康？有无网线勒痕？有无缺损？有无钢牌或电子芯片？若有，须取出并记录号码。

腹甲：有无破损、溃烂或出血？有无鼓胀、平坦或凹陷？

泄殖腔：有无红肿或流出稀便？尾尖是否残缺或再生？

c. 最后检查海龟总体状态及其他异常情况。

一般来说，突然死亡的海龟身体较厚实，而长期生病的海龟颈部瘦弱、腹板凹陷。

③测量外部数据并记录：测量并记录海龟背甲直线长（SCL）、背甲直线宽（SCW）、背甲曲线长（CCL）、背甲曲线宽（CCW）、体重（BW）、尾长（TL）等数据。

④移除腹板：开始解剖时，将海龟腹部朝上，用解剖刀或剪刀沿腹甲边缘切开，分离肌肉，割断肩峰，移除腹板。

⑤检查体腔（大量的液体，少量的液体，无）；胸肌萎缩的程度（无，轻度，严重）；脂肪（结实，松软，胶状）。

⑥系统解剖：肌肉系统、血液循环系统、消化系统、呼吸系统、生殖系统、泌尿系统等。

声　明

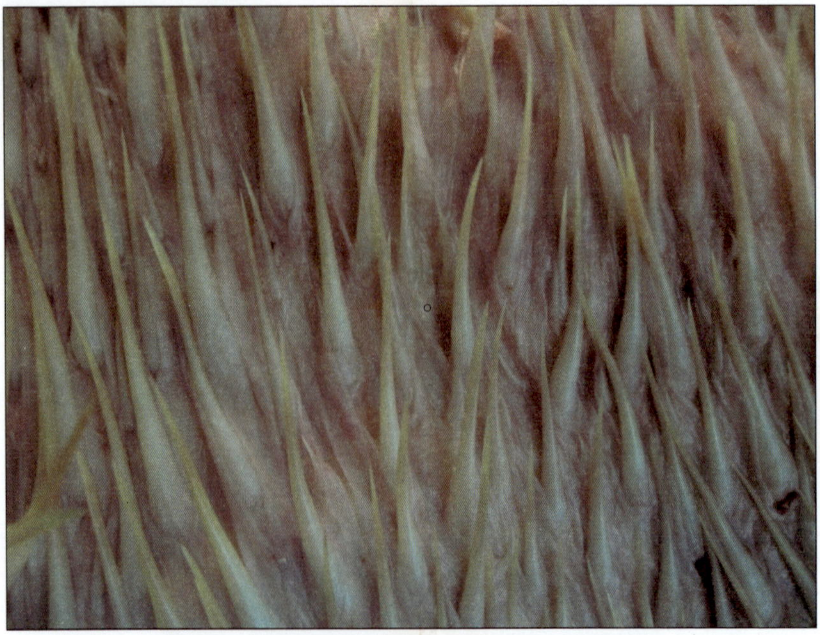

棱皮龟食道内壁锋利的角质刺突（拍照：夏中荣）